本書の特長と使い方

本書は，各単元の最重要ポイントを確認し，基本 … くことを通して，中１・中２数学の基礎を徹底的に固めることを目的として作られた問題集です。
１単元４ページの構成です。

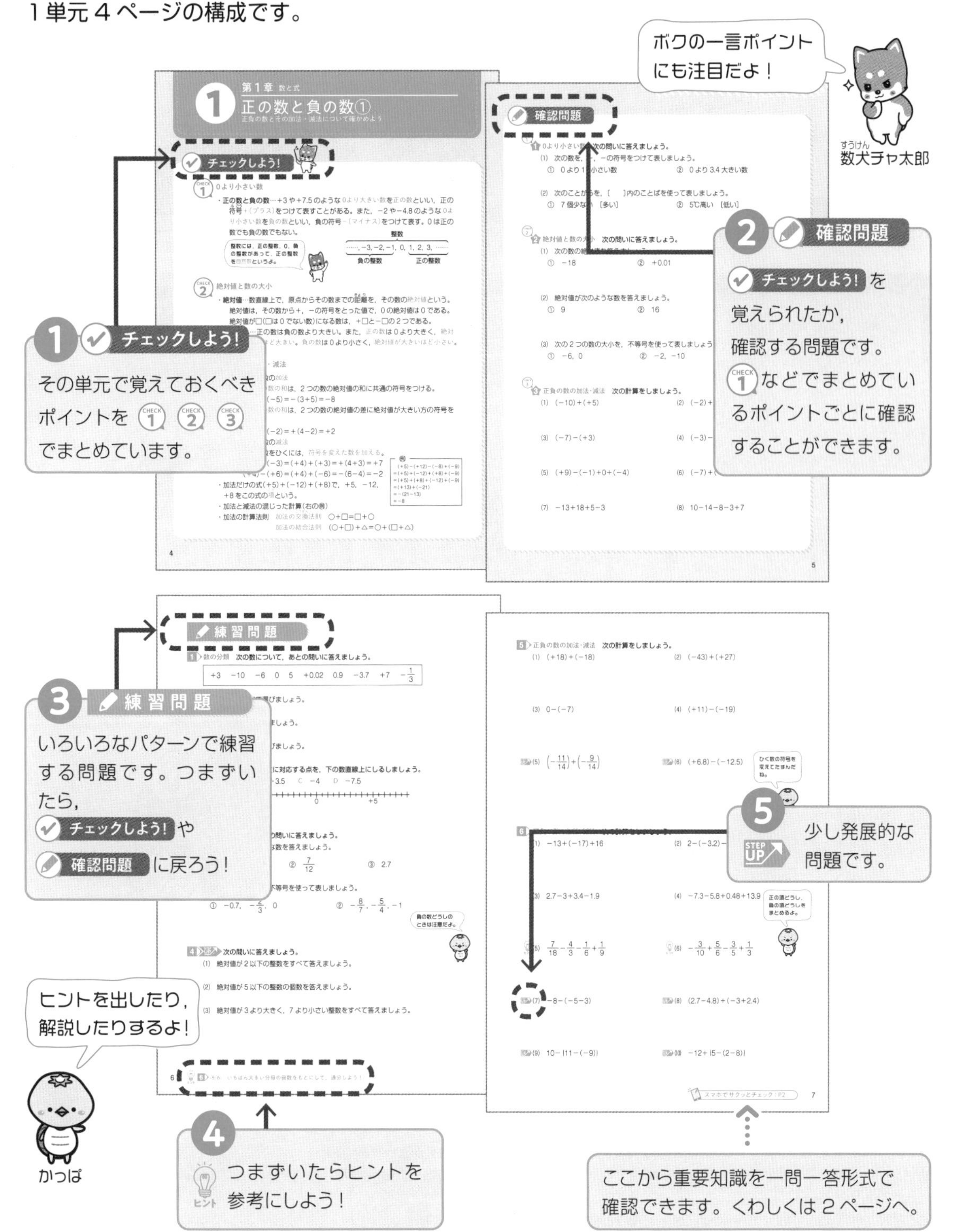

使い方はカンタン！ ICTコンテンツを活用しよう！

本書には，QRコードを読み取るだけで利用できる一問一答クイズがついています 。

スマホでサクッとチェック

一問一答で 解き方のポイントの整理

右のQRコードから，よく出る重要な問題の解き方をクイズ形式で確認できます。

PCから
https://cds.chart.co.jp/books/v5t2cfrai0

1回10問だから，スキマ時間にサクッと取り組める！

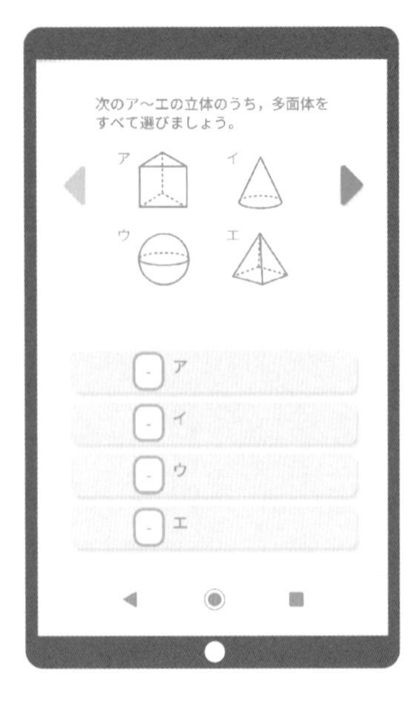

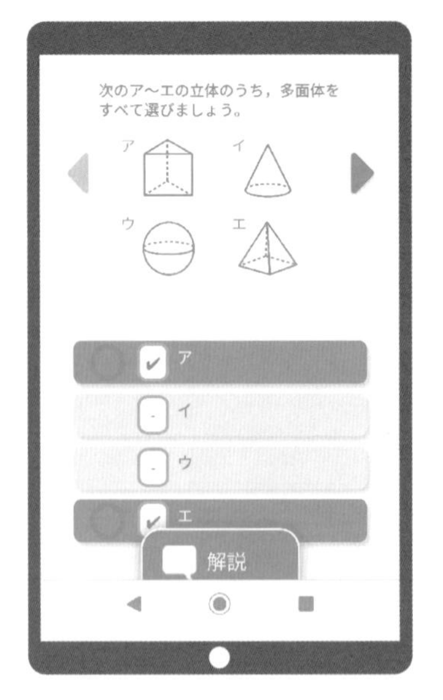

中1・2の重要なポイントをすばやく復習！

便利な使い方

ICTコンテンツが利用できるページをスマホなどのホーム画面に追加することで，毎回QR コードを読みこまなくても起動できるようになります。くわしくは QRコードを読み取り，左上のメニューバー「≡」▶「 ヘルプ 」▶「 便利な使い方 」をご覧ください。

QR コードは株式会社デンソーウェーブの登録商標です。 内容は予告なしに変更する場合があります。
通信料はお客様のご負担となります。Wi-Fi 環境での利用をおすすめします。また，初回使用時は利用規約を必ずお読みいただき，同意いただいた上でご使用ください。
ICT とは，Information and Communication Technology（情報通信技術）の略です。

目　次

1 第1章 数と式

正の数と負の数①

正負の数とその加法・減法について確かめよう

0より小さい数

・**正の数と負の数**…+3 や+7.5 のような0より大きい数を正の数といい，正の符号+(プラス)をつけて表すことがある。また，−2 や−4.8 のような0より小さい数を負の数といい，負の符号−(マイナス)をつけて表す。0 は正の数でも負の数でもない。

整数には，正の整数，0，負の整数があって，正の整数を自然数というよ。

整数

……，−3，−2，−1，0，1，2，3，……

負の整数　　　正の整数

絶対値と数の大小

・**絶対値**…数直線上で，原点からその数までの距離を，その数の絶対値という。
絶対値は，その数から+，−の符号をとった値で，0 の絶対値は 0 である。
絶対値が□(□は 0 でない数)になる数は，+□と−□の 2 つである。

・**数の大小**…正の数は負の数より大きい。また，正の数は 0 より大きく，絶対値が大きいほど大きい。負の数は 0 より小さく，絶対値が大きいほど小さい。

正負の数の加法・減法

・正の数・負の数の加法

同符号の 2 つの数の和は，2 つの数の絶対値の和に共通の符号をつける。

㊞ $(-3)+(-5)=-(3+5)=-8$

異符号の 2 つの数の和は，2 つの数の絶対値の差に絶対値が大きい方の符号をつける。

㊞ $(+4)+(-2)=+(4-2)=+2$

・正の数・負の数の減法

正の数・負の数をひくには，符号を変えた数を加える。

㊞ $(+4)-(-3)=(+4)+(+3)=+(4+3)=+7$

$(+4)-(+6)=(+4)+(-6)=-(6-4)=-2$

・加法だけの式 $(+5)+(-12)+(+8)$ で，$+5$，-12，$+8$ をこの式の項という。

・加法と減法の混じった計算(右の㊞)

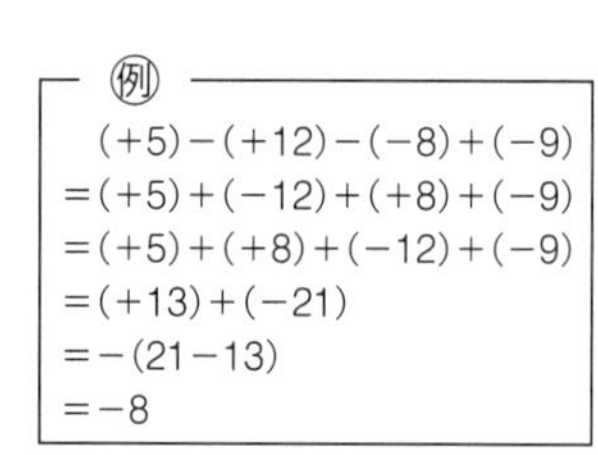
㊞

$(+5)-(+12)-(-8)+(-9)$

$=(+5)+(-12)+(+8)+(-9)$

$=(+5)+(+8)+(-12)+(-9)$

$=(+13)+(-21)$

$=-(21-13)$

$=-8$

・加法の計算法則　加法の交換法則　○+□=□+○

加法の結合法則　(○+□)+△=○+(□+△)

確認問題

1 0より小さい数　次の問いに答えましょう。

(1)　次の数を，＋，－の符号をつけて表しましょう。

①　0より11小さい数　　②　0より3.4大きい数

(2)　次のことがらを，［　　］内のことばを使って表しましょう。

①　7個少ない　［多い］　　②　5℃高い　［低い］

2 絶対値と数の大小　次の問いに答えましょう。

(1)　次の数の絶対値を答えましょう。

①　-18　　②　$+0.01$　　③　$+\frac{16}{9}$

(2)　絶対値が次のような数を答えましょう。

①　9　　②　16　　③　0.8

(3)　次の2つの数の大小を，不等号を使って表しましょう。

①　$-6,\ 0$　　②　$-2,\ -10$　　③　$-5,\ -4$

3 正負の数の加法・減法　次の計算をしましょう。

(1)　$(-10)+(+5)$　　(2)　$(-2)+(+8)$

(3)　$(-7)-(+3)$　　(4)　$(-3)-(+12)$

(5)　$(+9)-(-1)+0+(-4)$　　(6)　$(-7)+(-3)-(+5)-(-9)$

(7)　$-13+18+5-3$　　(8)　$10-14-8-3+7$

練習問題

1 数の分類　次の数について，あとの問いに答えましょう。

$+3$	-10	-6	0	5	$+0.02$	0.9	-3.7	$+7$	$\dfrac{1}{3}$

(1) 正の数をすべて選びましょう。

(2) 整数をすべて選びましょう。

(3) 自然数をすべて選びましょう。

2 STEP UP　次の A ～ D の数に対応する点を，下の数直線上にしるしましょう。

A　$+2$　　B　$+3.5$　　C　-4　　D　-7.5

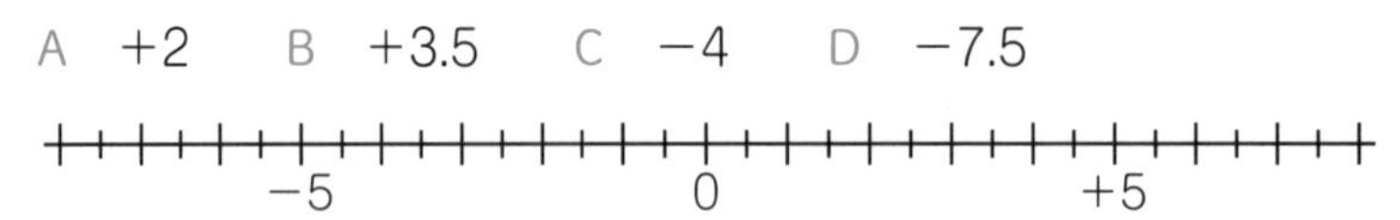

3 絶対値と数の大小　次の問いに答えましょう。

(1) 絶対値が次のような数を答えましょう。

①　0.03　　　②　$\dfrac{7}{12}$　　　③　2.7

(2) 次の数の大小を，不等号を使って表しましょう。

①　$-0.7,\ -\dfrac{2}{3},\ 0$　　　②　$-\dfrac{8}{7},\ -\dfrac{5}{4},\ -1$

負の数どうしのときは注意だよ。

4 STEP UP　次の問いに答えましょう。

(1) 絶対値が 2 以下の整数をすべて答えましょう。

(2) 絶対値が 5 以下の整数の個数を答えましょう。

(3) 絶対値が 3 より大きく，7 より小さい整数をすべて答えましょう。

ヒント　**6** (5)(6)　いちばん大きい分母の倍数をもとにして，通分しよう！

5 正負の数の加法・減法　次の計算をしましょう。

(1) $(+18)+(-18)$

(2) $(-43)+(+27)$

(3) $0-(-7)$

(4) $(+11)-(-19)$

STEP UP (5) $\left(-\frac{11}{14}\right)+\left(-\frac{9}{14}\right)$

STEP UP (6) $(+6.8)-(-12.5)$

6 正負の数の加法・減法　次の計算をしましょう。

(1) $-13+(-17)+16$

(2) $2-(-3.2)-(+8)$

(3) $2.7-3+3.4-1.9$

(4) $-7.3-5.8+0.48+13.9$

ヒント (5) $\frac{7}{18}-\frac{4}{3}-\frac{1}{6}+\frac{1}{9}$

ヒント (6) $-\frac{3}{10}+\frac{5}{6}-\frac{3}{5}+\frac{1}{3}$

STEP UP (7) $-8-(-5-3)$

STEP UP (8) $(2.7-4.8)+(-3+2.4)$

STEP UP (9) $10-\{11-(-9)\}$

STEP UP (10) $-12+\{5-(2-8)\}$

第1章 数と式

正の数と負の数②

正負の数の乗法と除法について確かめよう

チェックしよう!

正の数・負の数の乗法

・同符号(ふごう)の2つの数の積は，絶対値の積に正の符号をつける。
　異符号の2つの数の積は，絶対値の積に負の符号をつける。
　　いくつかの数の積は，負の数が奇数個 → −(絶対値の積)
　　　　　　　　　　　　負の数が偶数個 → ＋(絶対値の積)

・累乗(るいじょう)…同じ数をいくつかかけたもので，指数を使って表す。

　例　$(-2)\times(-2)\times(-2)=(-2)^3$ ←指数

正の数・負の数の除法

・同符号の2つの数の商は，絶対値の商に正の符号をつける。
　異符号の2つの数の商は，絶対値の商に負の符号をつける。
　(乗法と除法の混じった式)
　　積が1になる2つの数の一方を，他方の逆数という。
　　ある数でわることは，その数の逆数をかけることと同じだから，乗法と除法の混じった式は，乗法だけの式になおして計算する。

計算の順序

・加法，減法，乗法，除法をまとめて四則という。
　四則の混じった式は，かっこの中・累乗→乗除→加減 の順に計算する。
　　分配法則…○，□，△がどんな数であっても，次の式が成り立つ。

$$(○+□)\times△=○\times△+□\times△,\quad △\times(○+□)=△\times○+△\times□$$

正負の数の利用

・**数の集合**…整数全体や小数・分数などもふくめたすべての数全体の集まり。

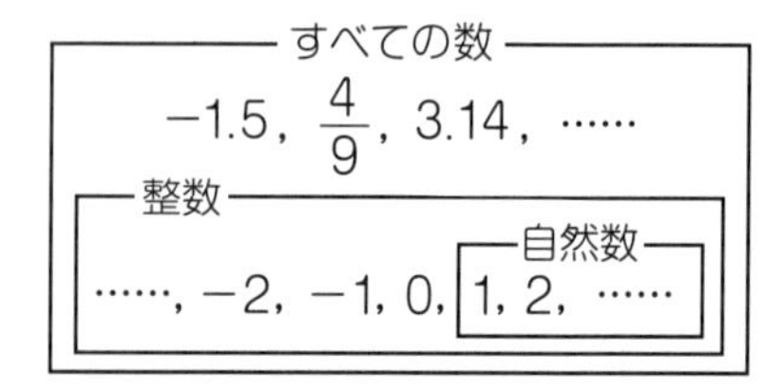

・自然数を素数の積で表すことを素因数分解という。

　例　60の素因数分解　右のように，小さい素数で順番にわる。
　　$60=2\times2\times3\times5=2^2\times3\times5$

```
2 ) 60
2 ) 30
3 ) 15
      5
```

・ある基準を決め，その基準とのちがいを考えることで，平均を求める計算がらくになることがある。
　(平均)＝(基準となる値)＋(基準とのちがいの平均)

確認問題

1 正の数・負の数の乗法　次の計算をしましょう。

(1)　$(-2)\times(-5)\times(+10)$　　(2)　$(-15)\times(+3)\times(+4)$

(3)　-3^2　　(4)　$(-4)^3$

CHECK 2

2 正の数・負の数の除法　次の問いに答えましょう。

(1)　次の計算をしましょう。

①　$(-54)\div(-3)$　　②　$84\div(-7)$

(2)　-0.3 の逆数を求めましょう。

CHECK 3

3 計算の順序　次の計算をしましょう。(3)，(4)は分配法則を使いましょう。

(1)　$-8+(3-5)^2$　　(2)　$(-3^2)\times(-2)-21$

(3)　$64\times3.14-(-36)\times3.14$　　(4)　$\left(\frac{7}{24}-\frac{21}{16}\right)\div\frac{7}{48}$

4 正負の数の利用　次の問いに答えましょう。

(1)　420 を素因数分解しましょう。

(2)　右の表は，A から E の 5 人の生徒の身長を，155cm を基準にして，基準より高い場合は正の数で，基準より低い場合は負の数で表したものです。5 人の身長の平均は何cm か，求めましょう。

生徒	A	B	C	D	E
基準との差(cm)	-3	$+2$	-7	$+6$	-3

基準の値を仮の平均というんだよ。

練習問題

1 正の数・負の数の乗法　次の計算をしましょう。

(1) $\left(-\frac{2}{3}\right)\times(+15)$

(2) $\left(-\frac{4}{5}\right)\times\left(\ \frac{5}{12}\right)$

(3) $-\left(\frac{2}{5}\right)^2$

(4) $\left(-\frac{3}{2}\right)^3$

STEP UP (5) $(-2)^3\times4.5$

STEP UP (6) $\left(-\frac{9}{16}\right)\times\left(-\frac{2}{3}\right)^3$

2 正の数・負の数の除法　次の計算をしましょう。

(1) $17.1\div(-9)$

(2) $(-15.6)\div1.3$

(3) $-\frac{3}{16}\div\left(-\frac{15}{4}\right)$

(4) $0.6\div\left(-\frac{3}{8}\right)$

STEP UP (5) $0.6\div(-0.24)\times4$

STEP UP (6) $\frac{3}{5}\times\left(-\frac{10}{7}\right)\div\left(-\frac{9}{14}\right)$

STEP UP (7) $(-8)^2\times(-1)\div(-16)$

STEP UP (8) $(-2)^3\div(-4)\times(-3^2)$

ヒント **5** (2)(3)　(平均)＝(基準となる値)＋(基準とのちがいの平均)だね！

3 四則の混じった計算　次の計算をしましょう。

(1)　$3.14\times3^2-3.14\times7^2$

(2)　$14-(-3)\times(5-11)$

(3)　$\left(\frac{6}{7}-\frac{5}{8}+\frac{3}{14}\right)\times(-56)$

(4)　$\left(\frac{3}{4}\right)^2\div\left(\frac{1}{4}-\frac{5}{8}\right)-\frac{5}{2}$

STEP UP (5)　$(-4)\times\{42\div(3-9)\}$

STEP UP (6)　$5\times(-3)^2+(-6^2)\div2^2$

4 数の集合　下の数の中から，次の集合にふくまれる数をそれぞれすべて選びましょう。

-2　18　$-\frac{5}{12}$　-0.48　4　$\frac{3}{8}$　-9　$+3$

(1)　自然数の集合

(2)　整数の集合

5 STEP UP 右の表は，A，B，C，D，E の５人の生徒の体重を，ある重さを基準として，基準より重い場合は正の数で，基準より軽い場合は負の数で表したものです。次の問いに答えましょう。

生徒	A	B	C	D	E
基準との差(kg)	+6.4	−3	−1.2	+3.6	−0.8

(1)　体重がいちばん重い生徒といちばん軽い生徒の体重の差は何 kg か，求めましょう。

ヒント (2)　５人の生徒の体重の平均は，基準の重さより何 kg 重いか，求めましょう。

ヒント (3)　５人の生徒の体重の平均が 50kg のとき，A の体重は何 kg か，求めましょう。

3 第1章 数と式

文字式の計算①

文字を使った式や文字式の計算について確かめよう

チェックしよう!

文字式の表し方

・積を表すときには，①かけ算の記号×は省いて書く。
②文字と数の積では，数を文字の前に書く。
③同じ文字の積は，指数を使って書く。
商を表すときには，わり算の記号÷を使わないで分数の形で書く。

文字の積は，ふつうはアルファベット順に書くよ。

項(こう)と係数

・項…＋で結ばれた各部分。
係数…文字をふくむ項で，それぞれの文字にかけられた数。
㊐ 式 $2a-b+1$ の項は $2a$，$-b$，1 である。
また，a の係数は 2，b の係数は -1 である。

単項式と多項式

・単項式…$2a$，$-ab$，a^2 のように，数や文字の乗法だけでできた式。
多項式…x^2-2x などのように，単項式の和の形で表された式。
1つ1つの単項式 x^2，$-2x$ は項。数だけの項を定数項という。
単項式の次数…かけあわされている文字の個数。
多項式の次数…各項の次数のうち，もっとも大きいもの。
㊐ 単項式 $3ab$ の次数は 2，単項式 c^3 の次数は 3，
多項式 $3ab+c^3-1$ の次数は 3。
同類項…1つの多項式の中で，文字の部分が同じ項。
※同類項は**分配法則**を用いて，1つの項にまとめられる。

分配法則
$ma+na=(m+n)a$

次数が□の式を□次式というよ。3や−1など1つの数の次数は0次だよ。

多項式の加法・減法

・多項式の加法・減法は，かっこをはずして同類項をまとめる。
かっこの前が−の場合は，かっこの中の符号(ふごう)を逆にする。

㊐
$$(3x+y)+(2x-3y)=3x+y+2x-3y$$
$$=3x+2x+y-3y$$
$$=5x-2y$$
$$(3x+y)-(2x-3y)=3x+y-2x+3y$$
$$=3x-2x+y+3y$$
$$=x+4y$$

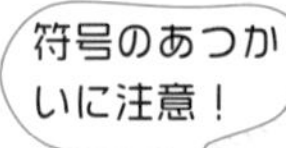

確認問題

1 文字式の表し方　次の問いに答えなさい。

(1) 次の式を，文字式の表し方にしたがって書きましょう。

① $0.1\times y\times x$　　② $4\div a\div 5$

(2) 次の式を，記号×，÷を使って表しましょう。

① $-3(x+y)$　　② $\dfrac{a}{2b}$

2 項と係数　次の式の項と，文字をふくむ項の係数をそれぞれ答えましょう。

(1) $10a-1$　　(2) $-5x+4y+2$

3 単項式と多項式　次の問いに答えましょう。

(1) 次のそれぞれの式を，単項式と多項式に分けましょう。

ア $-3xy$　イ $2a-b$　ウ x　エ $-x^2+3x+2$　オ $12m$

(2) 次の式は何次式か答えましょう。

① $11ab$　　② $4x^2y+2y^3$

(3) 次の式の同類項をまとめて簡単にしましょう。

① $3x-7x$　　② $2x-5x+4x$

4 多項式の加法・減法　次の計算をしましょう。

(1) $(6a+1)+(2a-4)$　　(2) $(x-4)-(8x+2)$

(3) $(-2x+y)+(3x-5y)$　　(4) $(6a-7b)+(-4a+2b)$

(5) $(a+4b)-(-2a+9b)$　　(6) $(5x-12y)-(7x-9y)$

練習問題

1 文字式の表し方　次の式を，文字式の表し方にしたがって書きましょう。

(1)　$x \times y \div 5$　　(2)　$a \times (-4) \div b + c \times c$

2 文字式の表し方　次の式を，記号×，÷を使って表しましょう。

(1)　$ax - b^2$　　(2)　$3(x+y) + \frac{x}{2}$

3 項（こう）と係数　次の式の項と，文字をふくむ項の係数を答えましょう。

(1)　$\frac{3}{5}x - \frac{2}{3}y + 7$　　(2)　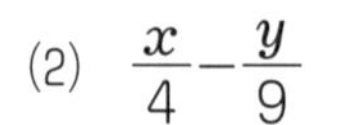 $\frac{x}{4} - \frac{y}{9}$

4 式の次数　次の式は何次式か答えましょう。

(1)　$-6axy$　　(2)　$\frac{1}{2}px^3 - px^2 + \frac{1}{3}px - 2p$

5 単項式と多項式　次のア～オの式を，単項式と多項式に分けましょう。

ア　$\frac{1}{2}a^2b$　　イ　$\frac{1}{3}x - \frac{1}{2}y$　　ウ　$x^2 + x - 3$　　エ　$-5xy$　　オ　$m + 2$

ヒント **7** それぞれの式にかっこをつけて，和や差を求める式を立てよう！

6 多項式の加法・減法　次の計算をしましょう。

(1) $(-x+3)+(6x-8)$

(2) $\left(\frac{2}{5}a-\frac{1}{2}\right)-\left(\frac{1}{6}-\frac{1}{5}a\right)$

(3) $(3x+4y)+(x-5y)$

(4) $(a-3b)+(-5a+9b)$

(5) $(9x^2+4x)+(-10x^2-9x)$

(6) $(3a-2b+4)+(4a-5b-8)$

(7) $(5x^2+2x-6)+(-5x^2+8x-4)$

(8) $(-x^2+5x-4)+(9-7x-3x^2)$

(9) $(7x+y)-(8x+3y)$

(10) $(x-2y)-(-4x+y)$

(11) $(-x^2+3x)-(-2x^2+7x)$

(12) $(2a+4b-c)-(-a+6b+4c)$

(13) $(6x^2+5x-8)-(3x^2+6x-7)$

(14) $(4x+2y-7)-(6x-12+4y)$

ヒント 7 STEP UP　次の 2 つの式について，以下の問いに答えましょう。

$3x-5y$，$-5x+7y$

(1) 2 つの式の和を求めましょう。

(2) 左の式から右の式をひいた差を求めましょう。

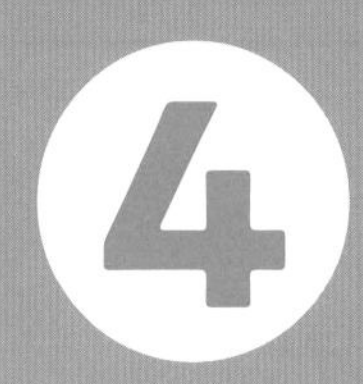

第1章 数と式

文字式の計算②

多項式や単項式の乗法・除法について確かめよう

チェックしよう!

多項式と数の乗法

・多項式と数の乗法は，分配法則を使って計算する。

$$m(a+b)=ma+mb \qquad (a+b)m=am+bm$$

・多項式と数の除法は，わる数の逆数をかける乗法になおして計算する。

$$(a+b)\div m=(a+b)\times\frac{1}{m}=\frac{a}{m}+\frac{b}{m}$$

多項式の計算

・かっこをふくむ式の計算は，分配法則を使ってかっこをはずし，同類項をまとめて計算する。

例　$2(x+3y)-3(2x-y)=2x+6y-6x+3y=-4x+9y$

・分数をふくむ式の計算は，通分して計算する。このとき，符号のミスを防ぐため，分子にかっこをつける。

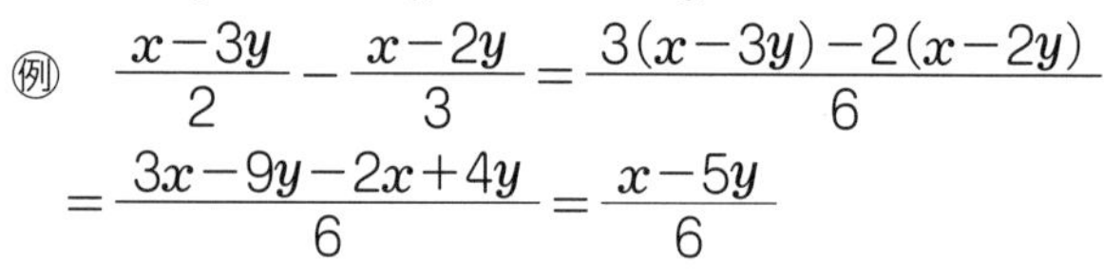

例　$\dfrac{x-3y}{2}-\dfrac{x-2y}{3}=\dfrac{3(x-3y)-2(x-2y)}{6}$

$=\dfrac{3x-9y-2x+4y}{6}=\dfrac{x-5y}{6}$

または，

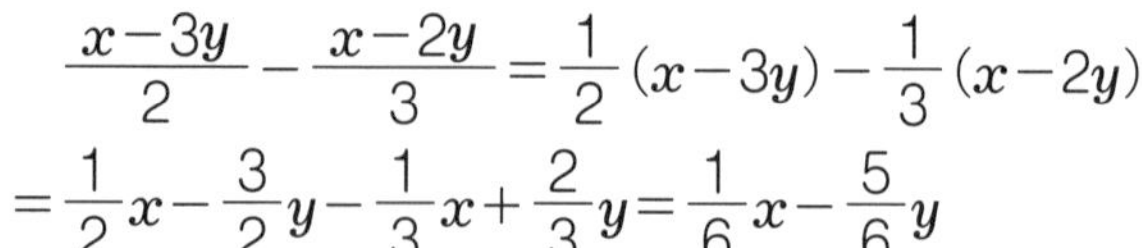

$\dfrac{x-3y}{2}-\dfrac{x-2y}{3}=\dfrac{1}{2}(x-3y)-\dfrac{1}{3}(x-2y)$

$=\dfrac{1}{2}x-\dfrac{3}{2}y-\dfrac{1}{3}x+\dfrac{2}{3}y=\dfrac{1}{6}x-\dfrac{5}{6}y$

単項式の乗法・除法

・単項式の乗法は，係数の積に文字の積をかける。

・単項式の除法は，数の除法と同じように，逆数の乗法になおす。
式を分数の形にし，係数どうし，文字どうしを約分する。

・同じ文字の積は，指数を使って累乗の形で表す。

・単項式の乗法と除法が混じった計算は，次のように行う。

例　$4x\times(-3xy^2)\div 6xy=4x\times(-3xy^2)\times\dfrac{1}{6xy}$　…除法を乗法になおす

$=-\dfrac{4x\times 3xy^2}{6xy}$　…符号を決めて，分数の形にする

$=-2xy$　…約分する

確認問題

1 多項式と数の乗法　次の計算をしましょう。

(1)　$-5(2x-3)$

(2)　$(4a+3b)\times(-2)$

(3)　$(-12x+18y)\div 6$

(4)　$(21a-35b)\div(-7)$

CHECK 2

2 多項式の計算　次の計算をしましょう。

(1)　$5(a-4)+3(-2a+6)$

(2)　$8(m+6n)-6(2m+7n)$

(3)　$\dfrac{2x+4y}{3}+\dfrac{3x-2y}{2}$

(4)　$\dfrac{2a+b}{3}-\dfrac{3a+5b}{4}$

CHECK 3

3 単項式の乗法・除法　次の計算をしましょう。

(1)　$-4xy\times 3x$

(2)　$(-x)^2$

(3)　$-28a^3\div 7a$

(4)　$30a^2b\div(-6a)$

(5)　$10xy\div 2x\times 4y$

(6)　$3a\times 2a^3\div a^2$

わる式を逆数にしてかければいいね。

(7)　$6x^2y\div 3x\div y$

(8)　$24x^2y^2\div(-3y)\div 4x$

練習問題

1 多項式（たこう）×数，多項式÷数　次の計算をしましょう。

(1) $\frac{1}{3}(12x-9)$

(2) $-3(a-3b+2c)$

(3) $(5x-3y+4z)\times(-2)$

(4) $-\frac{2}{3}(9x^2-6x-15)$

(5) $(15x^2-10x-20)\div 5$

(6) $(7x-21y)\div(-14)$

(7) $(4a+8b-12c)\div\frac{4}{3}$

(8) $(9x-12y)\div\left(-\frac{3}{5}\right)$

2 かっこや分数をふくむ式の計算　次の計算をしましょう。

(1) $-4(4a+6)+5(3a+2)$

(2) $12(-3x+4)+9(4x-5)$

(3) $3(2x-2y-1)-2(4x-3y+2)$

(4) $-4(3x+4y-2)+5(2x+3y-4)$

ヒント (5) $\frac{6x+y}{4}+\frac{-2x+3y}{2}$

ヒント (6) $\frac{5a-b}{6}-\frac{3a+2b}{4}$

通分するときは，分子にかっこをつけよう！

ヒント (7) $\frac{4x-8y}{9}+\frac{-x+2y}{2}$

ヒント (8) $\frac{5a-7b}{8}+\frac{-2a+4b}{3}$

ヒント **2** (5)(6)(7)(8)　分母の最小公倍数を考えて通分しよう。最小公倍数をかけて分母をはらわないように注意！

3 単項式の乗法・除法　次の計算をしましょう。

(1) $5a\times(-2b)^2$

(2) $6xy\times\dfrac{2}{3}xy$

(3) $\dfrac{5}{8}b^2\times\dfrac{4}{15}ab$

(4) $\dfrac{1}{2}x\times\left(-\dfrac{2}{5}xy^2\right)$

(5) $3ab^2\div9b$

(6) $x^2\div\dfrac{x}{3}$

(7) $7a^3\div\dfrac{7}{4}a^2$

(8) $6x^2y\div\left(-\dfrac{3}{4}xy\right)$

まず，符号を決めてから計算しよう！
わり算は，わる式の逆数をかければいいね。

4 STEP UP 次の計算をしましょう。

(1) $6x\times(-3xy)^2\div9x^2y$

(2) $(3xy)^2\times(-6x)\div18xy^2$

(3) $36a^2b^3\div(-3b)^2\div(-4a)$

(4) $\dfrac{1}{3}xy\times12y\div2x$

(5) $6ab\times\dfrac{1}{3}b\div(-2a)$

(6) $\dfrac{1}{2}x^2y\div\dfrac{3}{4}x\times3y$

(7) $\dfrac{3}{8}a^2\div\left(-\dfrac{3}{2}a\right)\times a^2$

(8) $12a^2b\div\left(-\dfrac{9}{2}a\right)\times(-3a)^2$

第1章 数と式

式の値と文字式の利用

式の値，文字式の利用について確かめよう

チェックしよう！

代入と式の値

計算ミスを防ぐ工夫だね！

・式の中の文字に数をあてはめることを代入するといい，代入して計算した結果を式の値という。

・式の値を求めるときには，次の点に注意する。

①負の数を代入するときには，かっこを使う。

②式はできるだけ簡単な形にしてから，数値を代入する。

例　$x=2$，$y=-3$ のとき，$3x^2y^2\times 8x\div 6y$ の値は，

$3x^2y^2\times 8x\div 6y=4x^3y=4\times 2^3\times(-3)=-96$

CHECK 2

式による説明

式が表している意味を考えよう！

・整数は文字を使って次のように表される。

▶ n を整数とすると，偶数(ぐうすう)は $2n$，奇数(きすう)は $2n-1$

3の倍数は $3n$

3でわると1余る数は $3n+1$

3でわると2余る数は $3n+2$

連続する3つの整数は n，$n+1$，$n+2$ または $n-1$，n，$n+1$

▶十の位の数を a，一の位の数を b とすると，2けたの整数は $10a+b$

等式と不等式

・関係を表す式には，等式と不等式がある。

等式…等号「=」を使って，2つの数量が等しい関係を表した式。

不等式…不等号を使って，2つの数量の大小関係を表した式。

・以上，以下は≧，≦で表し，より大きい，より小さい(未満)は>，<で表す。

・等式や不等式で，等号や不等号の左側の式を左辺，右側の式を右辺，左辺と右辺を合わせて両辺という。

等式の変形

・2つ以上の文字をふくむ等式で，等式を「(ある文字)＝～」の形に変形することを，その文字について解くという。

・等式を変形するときには，右の等式の性質を利用する。

等式の性質はしっかり覚えよう！

等式の性質

$A=B$ ならば，

$A+C=B+C$

$A-C=B-C$

$A\times C=B\times C$

$A\div C=B\div C\ (C\neq 0)$

確認問題

CHECK 1

1 式の値　次の式の値を求めましょう。

(1)　$x=3$，$y=-5$ のとき

①　$-4xy$　　　　②　$2x^2+y$

(2)　$x=-3$，$y=2$ のとき

①　$18xy^2\div 6y$　　　　②　$6x^2y\times(-y)\div 3x$

CHECK 2

2 式による説明　2つの奇数の和は偶数であることを，次のように説明しました。次の下線部にあてはまる文字式を入れて，説明を完成させましょう。

〔説明〕　m，n を整数とすると，2つの奇数は $2m-1$，________と表される。

したがって，それらの和は，$2m-1+($________$)=$________

$=2($________$)$

________は整数だから，$2($________$)$は偶数である。

よって，2つの奇数の和は偶数である。

CHECK 3

3 等式と不等式　次の数量の関係を(1)，(2)は等式，(3)，(4)は不等式で表しましょう。

(1)　24km の道のりを進むのに，$a$km 進んだところ，残りの道のりは $b$km である。

(2)　x 本の鉛筆を 8 人に 1 人 y 本ずつ分けると，余りなく分けることができる。

(3)　1 冊 x 円のノートを y 冊買うと，代金は 600 円以上である。

(4)　兄の所持金は a 円，弟の所持金は b 円で，2 人の所持金の合計は 4000 円未満である。

CHECK 4

4 等式の変形　次の等式を，〔　〕の中の文字について解きましょう。

(1)　$4x-5y-3=0$　〔x〕　　　　(2)　$6xy=p-7$　〔y〕

(3)　$8(x+y)=a$　〔y〕　　　　(4)　$a-2=\dfrac{3}{4}bc$　〔c〕

練習問題

1 式の値　次の式の値を求めましょう。

(1)　$x=-8$，$y=3$ のとき

①　$-6xy^3 \div (-18y)$　　②　$\frac{2}{3}x \times (-12xy^2) \div 4xy$

STEP UP (2)　$a=\frac{2}{3}$，$b=-\frac{1}{2}$ のとき

①　$2(a-2b)-4(2a-3b)$　　②　$24a^2b \div (-6a) \times 3b$

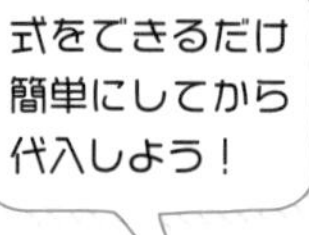

2 式による説明　2けたの自然数と，その数の十の位の数と一の位の数を入れかえた数の和は11の倍数であることを，次のように説明しました。次の下線部にあてはまる文字式を入れて，説明を完成させましょう。

〔説明〕　2けたの自然数の十の位の数を x，一の位の数を y とすると，

この自然数は＿＿＿＿と表される。

また，その十の位の数と一の位の数を入れかえた数は＿＿＿＿と表される。

したがって，それらの和は，(＿＿＿＿)＋(＿＿＿＿)＝＿＿＿＿

＝11(＿＿＿＿)

＿＿＿＿は整数だから，11(＿＿＿＿)は11の倍数である。

よって，2けたの自然数と，その数の十の位の数と一の位の数を入れかえた数の和は11の倍数である。

3 STEP UP　右のカレンダーで，■がついた3つの数2，8，14の和は24で，まん中の数である8の3倍になっています。このように，ななめに並んだ3つの数の和は，まん中の数の3倍になります。このことが成り立つわけを，文字を使って説明しましょう。

日	月	火	水	木	金	土
		1	2	3	4	5
6	7	8	9	10	11	12
13	14	15	16	17	18	19
20	21	22	23	24	25	26
27	28	29	30	31		

ヒント　**4** (4)　(道のり)＝(速さ)×(時間)だね！

4 等式と不等式　次の数量の関係を，等式または不等式で表しましょう。

(1) 大人１人の入館料が a 円，子ども１人の入館料が b 円の美術館に，大人５人，子ども10人が入館したところ，入館料の合計は c 円であった。

(2) １個 x 円のりんごを４個と，１個 y 円のみかんを９個買い，2000円出したところ，おつりは200円以下であった。

STEP UP (3) 70L入る空(から)の水そうに１秒間に $x$cm³ ずつ水を入れていくと，いっぱいになるまでに y 分以上かかる。

ヒント STEP UP (4) A，B，Cの３人の身長の平均が $x$cm，Dの身長が $y$cmであり，この４人の身長の平均が $z$cm以上である。

5 等式の変形　次の等式を，〔　〕の中の文字について解きましょう。

(1) $y=\frac{1}{3}x-4$　〔x〕

(2) $y=\frac{12}{x}$　〔x〕

(3) $4m=5(\ell-n)$　〔ℓ〕

(4) $S=2\pi rh$　〔h〕

(5) $S=\pi r(r+a)$　〔a〕

(6) $V=\frac{1}{3}\pi r^2h$　〔h〕

(7) $m=\frac{a+b+c}{3}$　〔b〕

(8) $S=\frac{1}{2}h(a+b)$　〔a〕

分数がある場合は，両辺に同じ数をかけて係数を整数にしよう！

1 1次方程式

1次方程式とその解き方を確かめよう

チェックしよう!

CHECK 1 方程式とその解き方

・文字の値によって，成り立ったり，成り立たなかったりする等式を方程式といい，方程式を成り立たせる文字の値を，方程式の解という。

▶方程式を解くときには，右の**等式の性質**を利用する。

▶等式の一方の辺の項(こう)を，符号(ふごう)を変えて他方の辺に移すことを移項という。

▶移項によって，$ax=b$ となる方程式を，1次方程式という。

等式の性質
$A=B$ ならば,
$A+C=B+C$
$A-C=B-C$
$AC=BC$
$\frac{A}{C}=\frac{B}{C}\ (C \neq 0)$

1次方程式の解き方

①文字の項を左辺に，数の項を右辺に移項し，$ax=b$ の形にする。

②両辺を x の係数 a でわる。

CHECK 2 やや複雑な方程式の解き方

かっこをふくむ方程式の解き方

①分配法則を使ってかっこをはずす。

②移項して $ax=b$ の形にする。

係数が小数の方程式の解き方

①両辺を 10 倍，100 倍，…して，係数を整数にする。

②移項して $ax=b$ の形にする。

係数が小数や分数のときは，式を整理してから計算しよう！

係数が分数の方程式の解き方

①係数の分母の最小公倍数を両辺にかけて，分母をはらう。

②移項して $ax=b$ の形にする。

CHECK 3 比例式とその性質

・2つの比が等しいことを表す式 $a:b=m:n$ を比例式という。

比例式 $a:b=m:n$ では，次のことが成り立つ。

$a:b=m:n$ ならば $an=bm$

確認問題

1 方程式とその解き方　次の方程式を解きましょう。

(1)　$-3x+6=-9$　　(2)　$5x-3=-18$

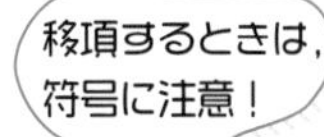

(3)　$4x-20=16$　　(4)　$-6x-8=-32$

2 やや複雑な方程式の解き方　次の方程式を解きましょう。

(1)　$6-(x+3)=0$　　(2)　$2(x+1)-7=3$

(3)　$4-5(x+2)=14$　　(4)　$-4(5-x)-2=10$

(5)　$0.3x-0.4=0.5$　　(6)　$0.5x-1.2=0.8$

(7)　$0.8-0.3x=1.1$　　(8)　$0.7x-0.9=0.4x$

(9)　$\frac{1}{4}x-2=2$　　(10)　$\frac{2}{3}x+1=3$

(11)　$\frac{1}{2}x=\frac{1}{3}x+2$　　(12)　$\frac{3}{4}x-2=\frac{2}{3}x$

3 比例式とその性質　次の比例式で，x の値を求めましょう。

(1)　$2:7=8:x$　　(2)　$25:x=15:6$

練習問題

1 方程式とその解き方　次の方程式のうち，解が-1であるものをすべて選びましょう。

ア　$1-x=3$　　イ　$2x-3=-5$　　ウ　$3x-1=x+3$

エ　$-2x-3=1$　　オ　$5x-6=-1$　　カ　$2(x+3)=4$

2 方程式とその解き方　次の方程式を解きましょう。

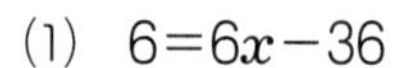

(1)　$6=6x-36$　　(2)　$12x-20=4$

(3)　$4x+15=7$　　(4)　$15x-60=120$

3 かっこをふくむ方程式の解き方　次の方程式を解きましょう。

(1)　$2(x+8)=6-3x$　　(2)　$3x-9=-3(x-5)$

(3)　$3(x+5)+3=x$　　(4)　$6(x+2)=-3(x+5)$

(5)　$4(x-6)=8-(2-x)$　　(6)　$3x-2(x-1)=4(x-4)$

4 小数をふくむ方程式の解き方　次の方程式を解きましょう。

(1)　$0.07x-0.03=0.2x+0.1$　　(2)　$0.15x-0.24=0.76+0.35x$

STEP UP (3)　$0.5(x+4)-0.8=0.2x$　　STEP UP (4)　$0.3x-1.6=0.5(x-2)$

ヒント **5** (2)　6の倍数で，3，4，2すべての倍数になっている最小の数を見つけよう！

5 分数をふくむ方程式の解き方　次の方程式を解きましょう。

(1) $\frac{1}{4}x+1=\frac{1}{6}x+2$

ヒント (2) $\frac{1}{3}x-\frac{1}{6}=\frac{1}{4}x+\frac{1}{2}$

(3) $\frac{5x-2}{2}=x-7$

(4) $\frac{x-3}{2}=\frac{x+1}{3}$

(5) $\frac{3x-1}{4}-\frac{2}{5}=\frac{1}{10}x$

(6) $\frac{3-x}{2}-\frac{2x-5}{3}=-5$

6 比例式とその性質　次の方程式を解きましょう。

(1) $5:x=15:18$

(2) $3x:4=15:2$

(3) $(x-3):3=16:12$

(4) $(2x+3):3=14:6$

(5) $(x-4):1=2x:3$

(6) $(x-1):(2x+1)=4:11$

7 STEP UP 次の方程式が(　　)の解をもつとき，a の値を求めましょう。

(1) $ax-1=2x+a$　$(x=4)$

(2) $\frac{x-3a}{2}=a-x$　$(x=5)$

第2章 方程式

2 連立方程式

連立方程式とその解き方を確かめよう

チェックしよう!

連立方程式とその解き方

・2つの方程式を組にしたものを連立方程式といい，そのどちらの方程式も成り立たせる文字の値の組を解，解を求めることを連立方程式を解くという。

加減法

▶連立方程式の左辺どうし，右辺どうしを，それぞれたして(ひいて)，1つの文字を消去して連立方程式を解く方法。

▶1つの文字の係数の絶対値が等しく，符号が反対のときは，左辺どうし，右辺どうしをたす。また，符号が同じときはひく。

▶係数の絶対値がそろっていないときは，一方の式，または両方の式を何倍かして，1つの文字の係数の絶対値をそろえる。

代入法

▶一方の方程式を1つの文字について解いて他方の方程式に代入し，1つの文字を消去して連立方程式を解く方法。

加減法と代入法の
どちらもしっかり
身につけよう！

いろいろな連立方程式

・かっこのある連立方程式は，分配法則を使ってかっこをはずし，

$\begin{cases} ax+by=c \\ dx+ey=f \end{cases}$ の形に整理して解く。

・係数に分数がある連立方程式は，分母の最小公倍数をかけて，分母をはらう。

・係数に小数がある連立方程式は，10，100，…をかけて，係数を整数にする。

・$A=B=C$ の形の連立方程式は，

$\begin{cases} A=B \\ B=C \end{cases}$，$\begin{cases} A=B \\ A=C \end{cases}$，$\begin{cases} A=C \\ B=C \end{cases}$ のどれかの形にして解く。

いちばん計算しやすい
組み合わせを選ぶよ！

確認問題

CHECK 1

1 連立方程式とその解き方　次の連立方程式を，(1)，(2)は加減法，(3)，(4)は代入法で解きましょう。

(1) $\begin{cases} x+4y=8 \\ 3x-2y=10 \end{cases}$

(2) $\begin{cases} 4x+y=-5 \\ 5x+3y=-1 \end{cases}$

(3) $\begin{cases} 3x-y=2 \\ y=x+4 \end{cases}$

(4) $\begin{cases} -x-4y=4 \\ x=2-y \end{cases}$

CHECK 2

2 いろいろな連立方程式　次の連立方程式を解きましょう。

(1) $\begin{cases} 3(x-y)-y=10 \\ x-2y=4 \end{cases}$

(2) $\begin{cases} 2x+y=-8 \\ 2(x-3)-2y=-8 \end{cases}$

(3) $\begin{cases} 0.3x+0.5y=0.2 \\ x+y=2 \end{cases}$

(4) $\begin{cases} 0.3x-0.5y=4 \\ x-y=10 \end{cases}$

(5) $\begin{cases} 2x-3y=-10 \\ \frac{1}{2}x-\frac{1}{4}y=\frac{1}{2} \end{cases}$

(6) $\begin{cases} \frac{1}{2}x-\frac{3}{5}y=\frac{11}{10} \\ 2x+y=18 \end{cases}$

(7) $3x+2y=2x-y=7$

(8) $7x-y=x-4y=18$

練習問題

1 連立方程式とその解き方　次の連立方程式を加減法で解きましょう。

(1) $\begin{cases} 4x-y=11 \\ 5x+2y=4 \end{cases}$

(2) $\begin{cases} -x+4y=7 \\ 2x+5y=25 \end{cases}$

(3) $\begin{cases} 4x-3y=5 \\ 3x-y=0 \end{cases}$

(4) $\begin{cases} 3x+5y=-1 \\ x+2y=-1 \end{cases}$

(5) $\begin{cases} 100x-200y=-200 \\ 3x+2y=26 \end{cases}$

(6) $\begin{cases} 120x+100y=1060 \\ 12x-4y=8 \end{cases}$

2 連立方程式とその解き方　次の連立方程式を代入法で解きましょう。

(1) $\begin{cases} 3x-4y=8 \\ x=y+5 \end{cases}$

(2) $\begin{cases} -2x-3y=11 \\ y=2x+7 \end{cases}$

(3) $\begin{cases} 5x-3y=-10 \\ y=x+8 \end{cases}$

(4) $\begin{cases} -2x+3y=30 \\ x=5-y \end{cases}$

STEP UP (5) $\begin{cases} y=3x-5 \\ y=13-3x \end{cases}$

STEP UP (6) $\begin{cases} 2x=-4y-4 \\ 2x=-5y-7 \end{cases}$

ヒント **3** (4)(7)　上の式を整理するときに，右辺にも左辺と同じ数をかけることを忘れないように！

3 いろいろな連立方程式　次の連立方程式を解きましょう。

(1) $\begin{cases} -2(x-2y)=3x+18 \\ 3x+2(5-y)=2 \end{cases}$

(2) $\begin{cases} 2x+2(y-3)=6 \\ 5(x+1)-6y=24 \end{cases}$

(3) $\begin{cases} 0.3x-0.9y=-0.3 \\ x-6y=-4 \end{cases}$

ヒント (4) $\begin{cases} 0.2x+0.5y=3.4 \\ y=2x+2 \end{cases}$

STEP UP (5) $\begin{cases} 0.1x+0.04y=-0.1 \\ 2x+y=-4 \end{cases}$

(6) $\begin{cases} \dfrac{3}{4}x-\dfrac{2}{3}y=\dfrac{11}{6} \\ x+4y=22 \end{cases}$

ヒント (7) $\begin{cases} \dfrac{1}{2}x+\dfrac{1}{4}y=2 \\ 7x+y=-2 \end{cases}$

STEP UP (8) $\begin{cases} \dfrac{x-3}{2}+\dfrac{y+2}{3}=-\dfrac{5}{6} \\ 2x-y=7 \end{cases}$

(9) $6x-2y=2x+4y=28$

(10) $9x-3y=2x+y+1=12$

STEP UP (11) $2(x-4)+5y=-x+3(y-1)+1=-15$

$A=B=C$ で，A，B，C の 1 つが数のときは，その数と 2 つの式を組み合わせた連立方程式にするといいね！

方程式の利用

1次方程式や連立方程式を利用して問題を解こう

チェックしよう!

1次方程式の利用

・1次方程式の文章題は，次の手順で解く。

①何を x で表すか決める。
↓
②問題の中の数量を x で表す。
↓
③問題の数量関係から方程式をつくる。
↓
④方程式を解く。
↓
⑤解が問題に適していることを確かめる。

図や表を使って整理すると，数量の関係がわかりやすいね！

・代金，過不足，速さ，比例式などの応用問題が多く出題される。

速さ・道のり・時間の関係

$$速さ=\frac{道のり}{時間}\qquad 道のり=速さ\times時間\qquad 時間=\frac{道のり}{速さ}$$

速さの関係は，小学校で学習したね！ もう一度確認しよう！

・比例式を利用してわからない数量を求めるときも，方程式と同じように考えることができる。

連立方程式の利用

・連立方程式の文章題は，次の手順で解く。

①どの数量を文字で表すかを決める。
↓
②問題文から数量の間の関係を見つけ，2つの方程式をつくる。
↓
③連立方程式を解き，解を求める。
↓
④解が問題に適しているかどうか確認する。

方程式が2つで1組になっているね！

・個数と代金，速さ，割合などの応用問題が多く出題される。

割合の表し方

例　x 円の a% 引きは $x\times\left(1-\frac{a}{100}\right)$ 円，y 人の a% 増は $y\times\left(1+\frac{a}{100}\right)$ 人

確認問題

CHECK 1

1 1次方程式の利用　次の問いに答えましょう。

(1) 1個40円のみかんを何個かと，1個150円のりんごを2個買ったところ，代金の合計は620円でした。買ったみかんの個数を求めましょう。

(2) Aさんが家から1200m離（はな）れた駅まで行くのに，はじめは分速60mで歩き，途中（とちゅう）から分速80mで歩いたところ，家を出発してから18分で駅に着きました。Aさんが分速60mで歩いた時間を求めましょう。

(3) 同じくぎがたくさん箱に入っています。箱の重さをのぞいたくぎだけの重さは280gです。このくぎ29本の重さが35gのとき，箱に入っているくぎの本数は何本か，求めましょう。

CHECK 2

2 連立方程式の利用　次の問いに連立方程式を使って答えましょう。

(1) A市からB市を通ってC市まで行く道があり，A市からC市までの道のりは175kmです。ある人が自動車でA市を出発し，この道を通ってC市まで行きました。A市からB市までは時速40kmで，B市からC市までは時速50kmで走ったところ，出発してから4時間でC市に着きました。A市からB市までの道のり，B市からC市までの道のりをそれぞれ求めましょう。

(2) A，B2種類の商品があります。A1個とB1個を定価で買うと，代金の合計は4000円です。また，Aを定価の20%引き，Bを定価の15%引きの値段で買うと，代金の合計は3320円になります。商品A1個の定価をx円，商品B1個の定価をy円として，それぞれの定価を求めましょう。

練習問題

1 代金の問題　1個120円のなしと1個160円のりんごを合わせて12個買ったところ，代金の合計は1720円でした。なしの個数をx個として，なしとりんごの個数をそれぞれ求めましょう。

2 過不足の問題　生徒に画用紙を配るのに，1人に15枚ずつ配ると80枚不足するので，1人に12枚ずつ配ったところ，34枚余りました。生徒の人数をx人として，生徒の人数と画用紙の枚数をそれぞれ求めましょう。

3 速さの問題　弟は家を出発して分速55mで，家から1500m離(はな)れた学校に向かいました。弟が出発してから4分後に兄は家を出発して，分速75mで弟を追いかけました。兄は家を出発してから何分後に弟に追いつきますか。x分後に追いつくとして求めましょう。

4 比例式の応用　195枚の折り紙を姉と妹で分けるのに，姉と妹の枚数の比が4：9になるようにします。姉の枚数をx枚として，姉と妹の枚数をそれぞれ求めましょう。

ヒント **8** 今年の生徒数は，男子は昨年の数の$\left(1+\frac{5}{100}\right)$倍，女子は昨年の数の$\left(1-\frac{10}{100}\right)$倍だよ！

5 代金の問題　A，B2 種類のノートがあります。A5 冊と B4 冊の値段の合計は 620 円で，A7 冊と B9 冊の値段の合計は 1140 円です。A のノート 1 冊の値段を x 円，B のノート 1 冊の値段を y 円として，それぞれの値段を求めましょう。

6 代金の問題　ある美術館の入館料は，大人料金と子ども料金の 2 種類があります。ある土曜日，大人の入館者数は 300 人，子どもの入館者数は 500 人で，入館料の合計は 58 万円でした。翌日の日曜日，大人の入館者数は 400 人，子どもの入館者数は 600 人で，入館料の合計は 74 万円でした。この美術館の大人 1 人の入館料を x 円，子ども 1 人の入館料を y 円として，それぞれの入館料を求めましょう。

7 速さの問題　A さんが，家から 33km 離れた湖まで，サイクリングに出かけました。午前 9 時に家を出発し，時速 14km で進みましたが，途中(とちゅう)から時速 12km に速さを変えたところ，午前 11 時 30 分に湖に着きました。A さんが時速 14km で走った道のりを $x$km，時速 12km で走った道のりを $y$km として，それぞれの道のりを求めましょう。

ヒント **8** STEP UP　ある中学校の生徒数は，昨年は男女合わせて 450 人でした。今年は，昨年に比べて，男子生徒の数は 5% 増えましたが，女子生徒の数が 10% 減ったため，男女合わせた生徒数は 438 人になりました。この中学校の昨年の男子生徒の数を x 人，女子生徒の数を y 人として，今年の男子生徒と女子生徒の数をそれぞれ求めましょう。

1 第3章 関数

比例と反比例①

比例とそのグラフについて確かめよう

チェックしよう!

関数

・ともなって変わる2つの数量 x, y があって，x の値が1つ決まると，それに対応して y の値がただ1つに決まるとき，y は x の関数であるという。

・関数における x, y のように，いろいろな値をとる文字を変数といい，変数がとることのできる値の範囲を変域という。変域は不等号＞，＜，≧，≦を用いて表す。

比例

・y が x の関数で，x と y の関係が $y=ax$（a は0でない定数）で表されるとき，y は x に比例するといい，a を比例定数という。

比例
$y=ax$（a は比例定数）

・比例の関係には，次のような性質がある。

①x の値が2倍，3倍，4倍，…となると，y の値も2倍，3倍，4倍，…となる。

②対応する x と y の商 $\frac{y}{x}$ は一定で，a に等しい。

座標，比例のグラフ

・右の図のように，点Oで垂直に交わる2つの数直線を考えるとき，横の数直線を x 軸，縦の数直線を y 軸，x 軸と y 軸の交点Oを原点という。

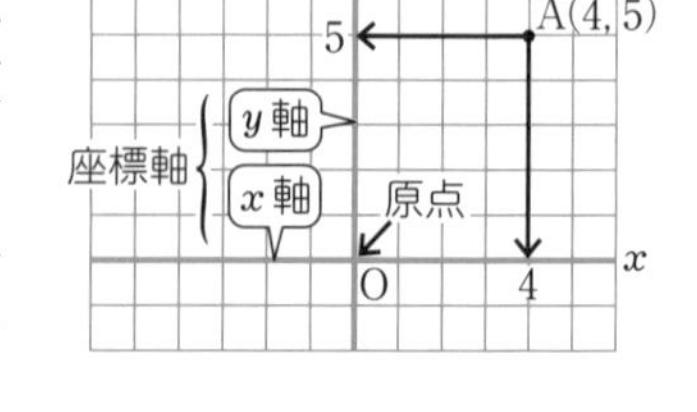

・右の図の点AをA(4, 5)と表す。このとき，4を点Aの x 座標，5を点Aの y 座標，(4, 5)を点Aの座標という。

・比例 $y=ax$ のグラフは，原点を通る直線である。

$a>0$ のとき，グラフは右上がり，

$a<0$ のとき，グラフは右下がりとなる。

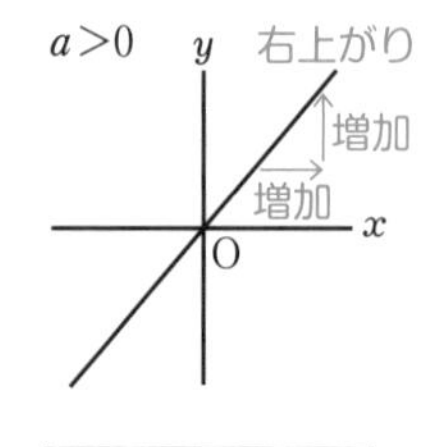

x が増加すると，y は増加する。

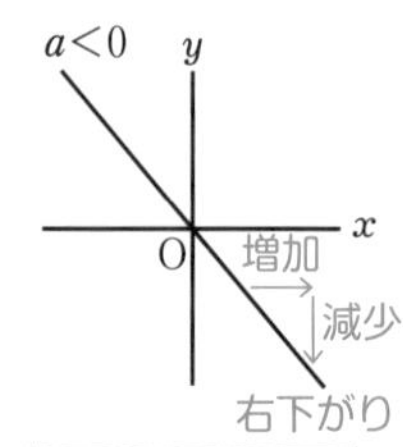

x が増加すると，y は減少する。

確認問題

CHECK 1

1 関数　次のア～ウのうち，y が x の関数であるものをすべて選びましょう。

ア　縦の長さが $x$cm の長方形の面積 $y$cm^2

イ　1 個 110 円のりんごを x 個買って，1500 円出したときのおつり y 円

ウ　68km の道のりを時速 $x$km で進むときにかかる時間 y 時間

x の値を 1 つ決めて，y の値がただ 1 つに決まるか調べてみよう。

CHECK 2

2 比例　y は x に比例し，$x=3$ のとき，$y=12$ です。次の問いに答えましょう。

(1)　y を x の式で表しましょう。

(2)　$x=-2$ のときの y の値を求めましょう。

比例の式は $y=ax$ だから，x，y の値が1組わかると，a がわかるよ。

CHECK 3

3 座標，比例のグラフ　次の問いに答えましょう。

(1)　次の点を右の図にかき入れましょう。

A$(-4,\ -3)$　　B$(3,\ -2)$

(2)　比例 $y=2x$ のグラフを右の図にかきましょう。

原点ともう 1 つの点がわかればいいね。

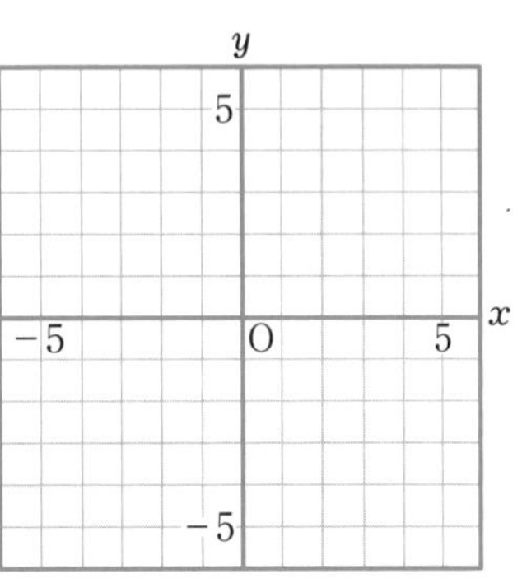

CHECK 3

4 座標，比例のグラフ　右の図の直線は，点 A を通る比例のグラフです。

(1)　点 A の座標を答えましょう。

(2)　右の比例のグラフについて，y を x の式で表しましょう。

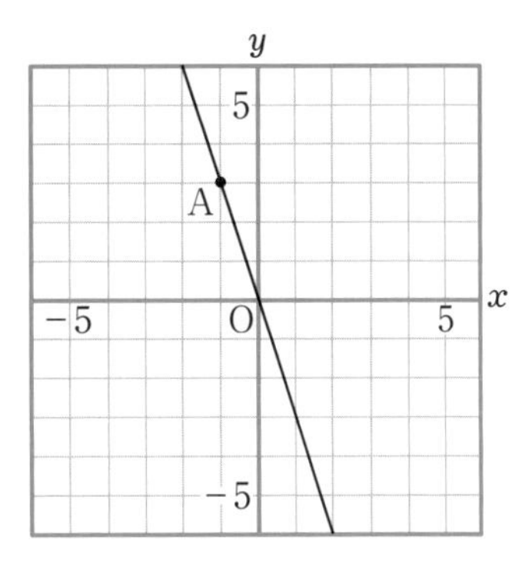

練習問題

1 関数　次のア～オのうち，y が x の関数であるものをすべて選びましょう。

ア　面積が 90cm² の長方形の縦の長さ $x$cm と横の長さ $y$cm

イ　中学生の身長 $x$cm と体重 $y$kg

ウ　底辺が $x$cm で高さが 8cm の三角形の面積 $y$cm²

エ　8km の道のりを時速 4km で x 時間歩いたときの残りの道のり $y$km

オ　タクシーの料金 x 円と走行距離(きょり) $y$km

2 比例　右の表で，y は x に比例しています。次の問いに答えましょう。

x	…	-2	-1	0	1	2	…
y	…	4	2	0	-2	-4	…

(1)　比例定数を求めましょう。

(2)　y を x の式で表しましょう。

3 比例　次の問いに答えましょう。

(1)　y は x に比例し，$x=2$ のとき，$y=10$ です。y を x の式で表しましょう。

(2)　y は x に比例し，$x=-3$ のとき，$y=12$ です。$x=-8$ のときの y の値を求めましょう。

UP↗(3)　y は x に比例し，$x=6$ のとき，$y=8$ です。x の変域が $3 \leqq x \leqq 15$ のときの y の変域を求めましょう。

ヒント **5** (3)(4)　原点Oを通る直線だから，式は $y=ax$ とおいて，原点以外の直線上の１点の座標を求めよう！

4 座標，比例のグラフ　次の問いに答えましょう。

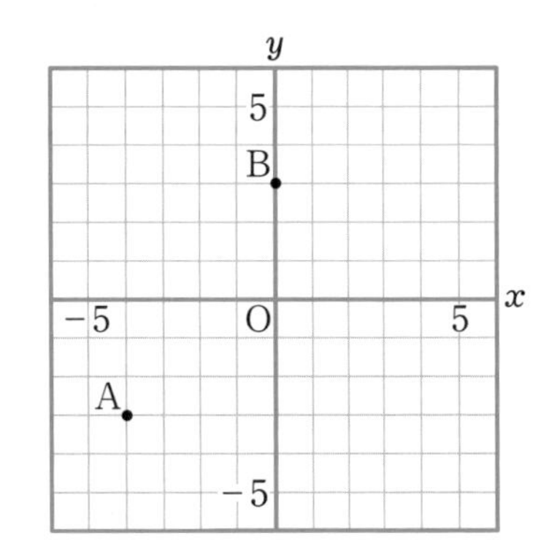

(1)　右の図の２点 A，B の座標を答えましょう。

(2)　次の点を右の図にかき入れましょう。

C（5，−3）　　D（−2，0）

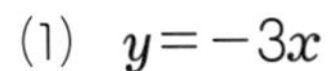

5 座標，比例のグラフ　次の(1)，(2)の比例のグラフを右の図にかきましょう。また，右の図の(3)，(4)は比例のグラフです。y を x の式で表しましょう。

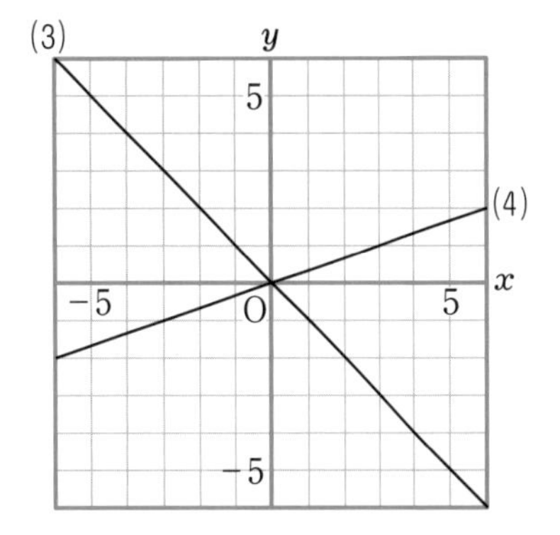

(1)　$y=-3x$

(2)　$y=\frac{3}{4}x$

6 STEP UP　右の図の直線は，２点 A，B を通る比例のグラフです。次の問いに答えましょう。

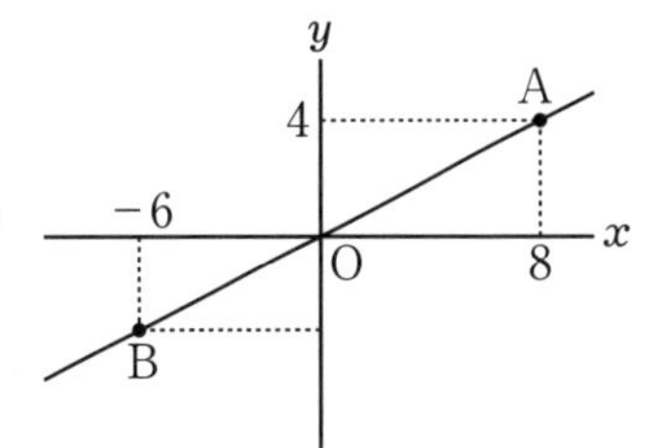

(1)　右の比例のグラフについて，y を x の式で表しましょう。

(2)　点 B の y 座標を求めましょう。

(1)点 A の座標がわかっているから，原点 O と A(8，4) を通る直線の式を求めればいいね。

第3章 関数

比例と反比例②

反比例，比例と反比例の利用について確かめよう

チェックしよう！

反比例

・y が x の関数で，x と y の関係が $y=\frac{a}{x}$（a は 0 でない定数）

で表されるとき，y は x に反比例するといい，

a を比例定数という。

・反比例の関係には，次のような性質がある。

①x の値が 2 倍，3 倍，4 倍，… となると，

y の値は $\frac{1}{2}$ 倍，$\frac{1}{3}$ 倍，$\frac{1}{4}$ 倍，…となる。

②対応する x と y の積 xy は一定で，a に等しい。

反比例

$y=\frac{a}{x}$（a は比例定数）

比例の関係としっかり区別をして覚えよう！

反比例のグラフ

・反比例 $y=\frac{a}{x}$ のグラフは，双曲線（そうきょくせん）とよばれる，なめらかな 2 つの曲線である。

このグラフは x 軸（じく），y 軸と交わらない。

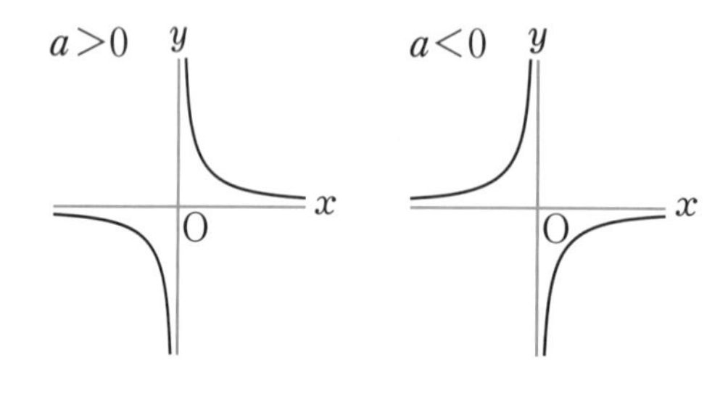

できるだけ多くの点をとって，それらをなめらかな曲線で結ぶよ。

比例と反比例の利用

・比例と反比例についてまとめると，次の表のようになる。

比例と反比例の違い（ちがい）を正しく理解することが大事だよ！

	比例	反比例
関係を表す式	$y=ax$	$y=\frac{a}{x}$
x の値が 2 倍，3 倍，…になるときの y の値	2 倍，3 倍，…になる	$\frac{1}{2}$ 倍，$\frac{1}{3}$ 倍，…になる
比例定数	x と y の商 $\frac{y}{x}$	x と y の積 xy
グラフ	原点を通る直線	双曲線とよばれる 2 つの曲線

1 反比例　y は x に反比例し，$x=4$ のとき，$y=2$ です。次の問いに答えましょう。

(1)　y を x の式で表しましょう。

(2)　$x=-6$ のときの y の値を求めましょう。

2 反比例のグラフ　次の問いに答えましょう。

(1)　反比例 $y=\dfrac{6}{x}$ について，x に対応する y の値を求めて，表を完成させましょう。

x	…	-6	-5	-4	-3	-2	-1	0	1	2	3	4	5	6	…
y	…							×							…

(2)　反比例 $y=\dfrac{6}{x}$ のグラフを右の図にかきましょう。

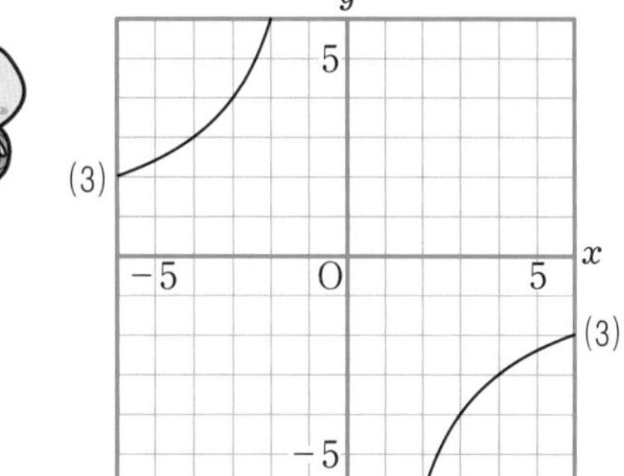

(3)　右の図の(3)の反比例のグラフについて，
y を x の式で表しましょう。

3 比例と反比例の利用　次のア～カから，y が x に比例するもの，反比例するものをそれぞれ選びましょう。

ア　180L 入る水そうに，1 分間に xL ずつ水を入れるとき，水そうがいっぱいになるまでにかかる時間 y 分

イ　1 辺が $x$cm の立方体の体積 $y\mathrm{cm}^3$

ウ　面積が $40\mathrm{cm}^2$ の長方形の縦の長さ $x$cm と横の長さ $y$cm

エ　1 辺が $x$cm の正方形の周りの長さ $y$cm

オ　周の長さが 90cm の長方形の縦の長さ $x$cm と横の長さ $y$cm

カ　時速 6km で x 時間進んだときの道のり $y$km

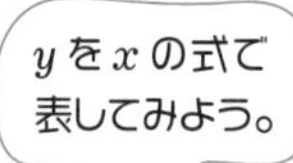

練習問題

1 反比例　次の問いに答えましょう。

(1)　y は x に反比例し，$x=2$ のとき，$y=-9$ です。y を x の式で表しましょう。

(2)　y は x に反比例し，$x=-4$ のとき，$y=14$ です。$x=7$ のときの y の値を求めましょう。

2 反比例のグラフ　次の(1)の反比例のグラフを，右の図にかきましょう。また，右の図の(2)のグラフについて，y を x の式で表しましょう。

(1)　$y=-\dfrac{10}{x}$

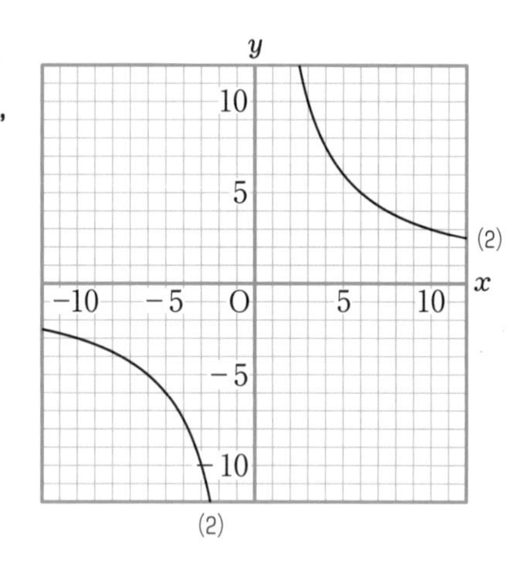

3 反比例の利用　満水のタンクから1分間に60Lずつ水をくみ出すと，30分でタンクが空(から)になります。1分間に xLずつ水をくみ出すと，y 分でタンクが空になるものとして，次の問いに答えましょう。

(1)　y を x の式で表しましょう。

(2)　$x=45$ のときの y の値を求めましょう。

ヒント　**4** (1)(3)　三角形の面積$=\dfrac{1}{2}$×底辺×高さ だね。x の変域に注意して，グラフに表そう！

4 比例の利用　右の図の四角形ABCDは，1辺が4cmの正方形です。点Pは，点Bを出発して，秒速1cmで点Cまで進みます。点Pが出発してからの時間をx秒，そのときの△ABPの面積を$y$cm^{2}として，次の問いに答えましょう。

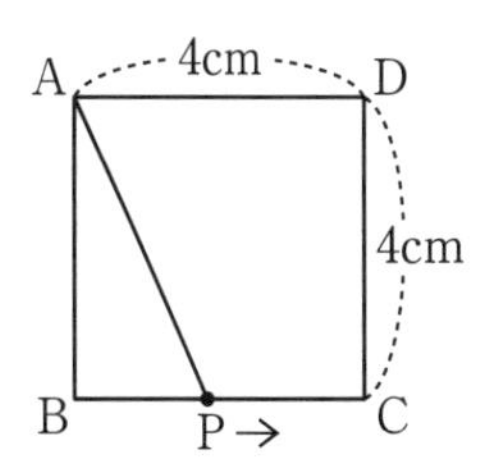

ヒント (1)　yをxの式で表しましょう。

(2)　xの変域を求めましょう。

ヒント (3)　xとyの関係を表すグラフを右の図にかきましょう。

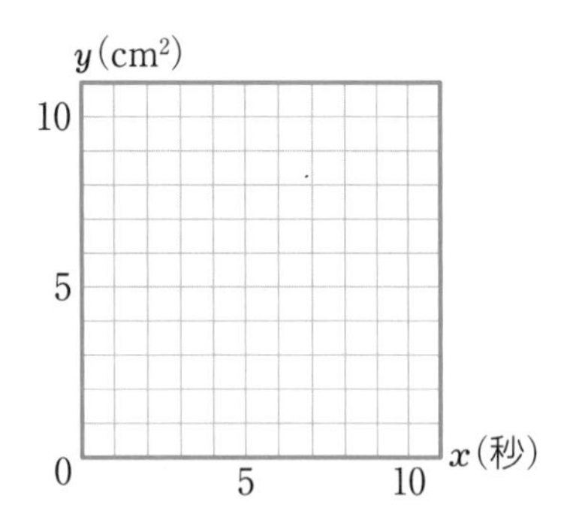

5 STEP UP　右の図で，直線ℓは比例のグラフ，曲線mは反比例のグラフです。点Aは直線ℓ上の点，点Bは直線ℓと曲線mの交点の1つです。
点Aの座標が(3，2)，点Bのx座標が−6のとき，次の問いに答えましょう。

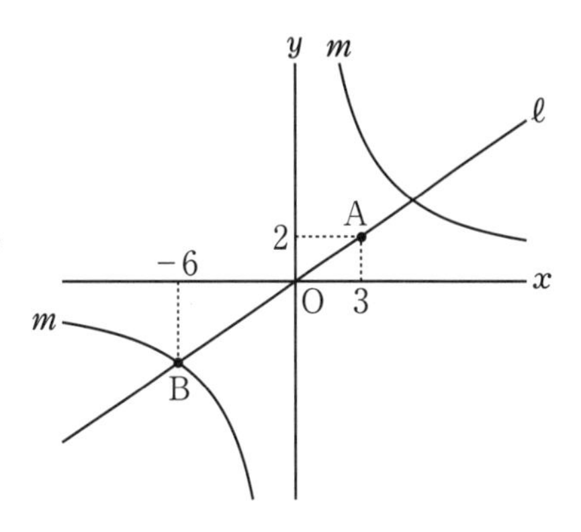

(1)　直線ℓの式を求めましょう。

(2)　点Bのy座標を求めましょう。

(1)は点Aの座標がわかっているから，原点OとA(3，2)を通る式を求めればいいね。

(3)　曲線mの式を求めましょう。

第３章 関数

3 1次関数①

1次関数について確かめよう

チェックしよう!

1次関数

・y が x の関数で，右のような式で表されるとき，y は x の1次関数であるという。
$b=0$ のとき，y は x に比例するという。
→比例は，1次関数の特別な形。

1次関数
x に比例する項（こう）
$y=ax+b$（a，b は定数，$a\neq0$）
定数項

・1次関数 $y=2x+1$ で，x と y の値の対応は，右の表のようになる。
一方の値を $y=2x+1$ に代入→もう一方の値

x	…	−3	−2	−1	0	1	2	3	…
y	…	−5	−3	−1	1	3	5	7	…

1次関数の変化の割合

・1次関数 $y=ax+b$ で，
$a>0$ のとき，x の値が増加するにつれて，y の値は増加する。
$a<0$ のとき，x の値が増加するにつれて，y の値は減少する。

・変化の割合…x の増加量に対する y の増加量の割合のこと。
1次関数 $y=ax+b$ の変化の割合は a で一定。変化の割合 $=\dfrac{y\text{の増加量}}{x\text{の増加量}}=a$

1次関数のグラフ

・1次関数 $y=ax+b$ のグラフは，直線 $y=ax$ のグラフを y 軸（じく）の正の方向に b だけ平行移動したもの。

・y 軸上の点（0，b）を通り，傾き（かたむ）きが a の直線。b を直線の切片（せっぺん）という。

・$a>0$ のとき，グラフは右上がり。$a<0$ のとき，グラフは右下がり。

1次関数 $y=ax+b$ のグラフのかき方

切片 b から y 軸上の1点を決め，傾き a からもう1つの点を決めて，その2つの点を通る直線をひく。

1次関数の式の求め方

①変化の割合 a と1組の x，y の値がわかっている場合
→$y=ax+b$ に x，y の値を代入

②2組の x，y の値がわかっている場合
→変化の割合 a を求め，$y=ax+b$ に1組の x，y の値を代入

②は，$y=ax+b$ に，2組の x，y の値を代入し，a，b についての連立方程式をつくって解いてもいいよ。

確認問題

CHECK 1

1 1次関数　右の表は，1次関数 $y=3x+4$ で，対応する x と y の値をまとめたものです。表の空欄(らん)ア～ウにあてはまる数を求めましょう。

x	…	−3	−2	−1	0	1	2	3	…
y	…	ア	−2	イ	4	7	ウ	13	…

CHECK 2

2 1次関数の変化の割合　1次関数において，x，y の増加量が次のとき，変化の割合をそれぞれ求めましょう。

(1)　x の増加量が 6 のとき，y の増加量が 18 である。

(2)　x の増加量が 5 のとき，y の増加量が −15 である。

CHECK 3

3 1次関数のグラフ　1次関数 $y=4x-2$ のグラフのかき方を説明した次の文の［　］にあてまる数を答えて，右の図にグラフをかきましょう。

切片が［　］だから，点 (0,［　］) を通る。
傾き［　］より，x が 1 増加すると，
y は［　］増加するから，点 (1,［　］) を通る。

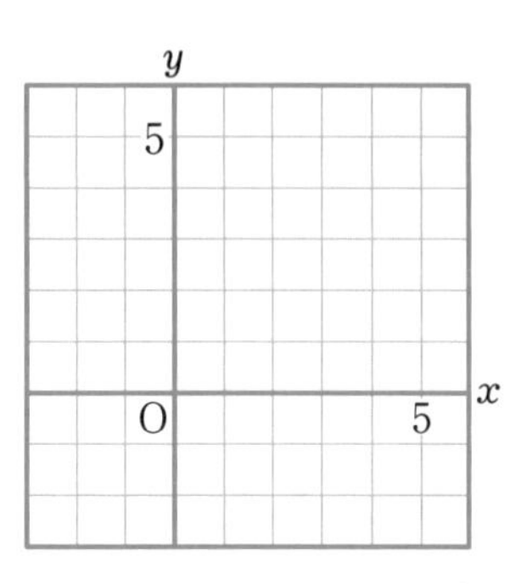

CHECK 4

4 1次関数の式の求め方　次の1次関数や直線の式をそれぞれ求めましょう。

(1)　変化の割合が −3 で，$x=3$ のとき $y=2$

(2)　傾きが $\frac{1}{2}$ で，点 (7，3) を通る

(3)　2点 (−2，13)，(3，−12) を通る

練習問題

1 1次関数　次のア～オについて，y を x の式で表しましょう。また，y が x の1次関数であるものを記号で答えましょう。

ア　1辺が $x$cm の正三角形の周の長さ $y$cm

イ　18L の水が入っている水そうに1分間に 6L ずつ水を入れたとき，水を入れ始めてから x 分後の全体の水の量 yL

ウ　24km の道のりを時速 $x$km で進んだときにかかる時間 y 時間

エ　周の長さが 46cm の長方形の縦の長さ $x$cm と横の長さ $y$cm

オ　1個 260 円のケーキを x 個買って，2000 円出したときのおつり y 円

2 1次関数の変化の割合　1次関数において，x，y の増加量が次のとき，変化の割合をそれぞれ求めましょう。

(1)　x の増加量が -3 のとき，y の増加量が -6 である。

(2)　x の増加量が 2 のとき，y の増加量が 5 である。

(3)　x の増加量が 6 のとき，y の増加量が -4 である。

3 STEP UP　下の表は，ある1次関数の x と y の関係の一部を表したものです。この1次関数の変化の割合をそれぞれ求めましょう。

(1)

x	…	-1	1	3	…
y	…	4	0	-4	…

(2)

x	…	-1	2	5	…
y	…	5	7	9	…

4 1次関数のグラフ　次の1次関数のグラフをかきましょう。

(1)　$y=-3x+2$

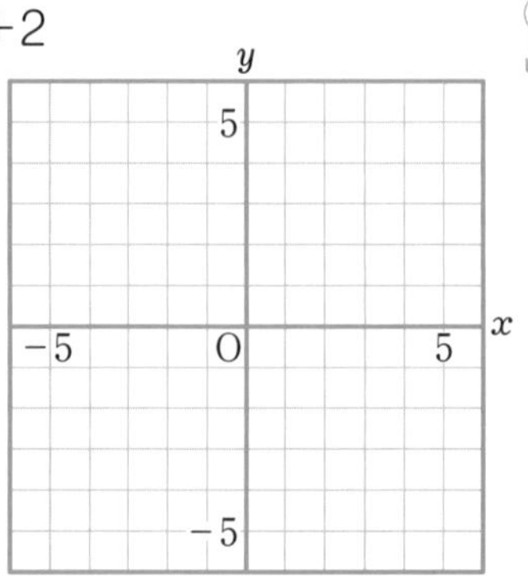

ヒント (2)　$y=\frac{3}{4}x-4$

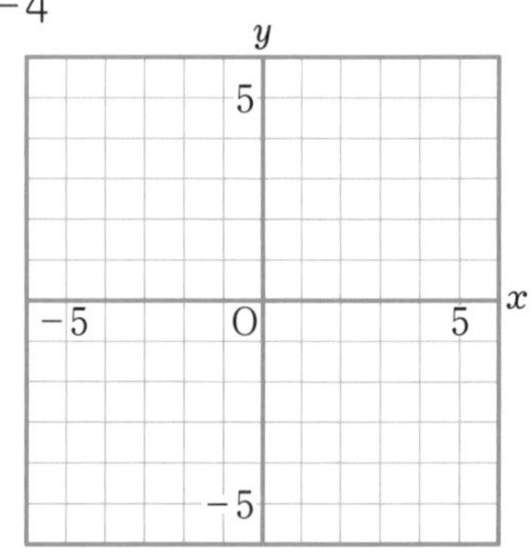

ヒント **4** (2)　点(0，−4)から右へ 4，上へ 3 進んだ点を通るよ！

5 1次関数の式の求め方　次の直線の式を求めましょう。

(1)

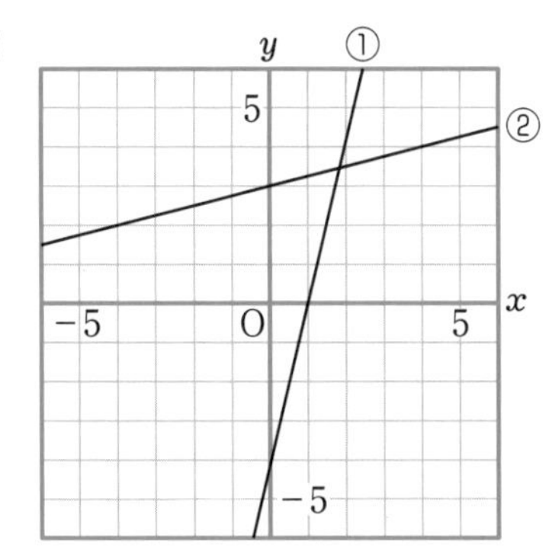

(2)

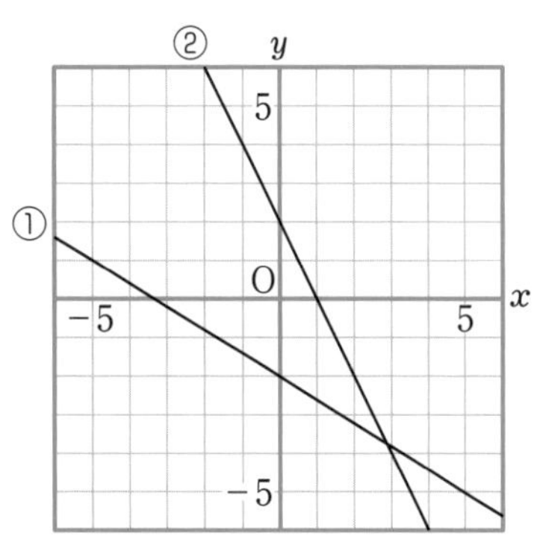

6 1次関数の式の求め方　次の1次関数や直線の式をそれぞれ求めましょう。

(1)　変化の割合が5で，$x=-2$ のとき $y=-7$ である。

(2)　x が3増加すると，y が2減少し，$x=-3$ のとき $y=7$ である。

(3)　傾(かたむ)きが $\frac{3}{5}$ で，x 軸(じく)との交点の x 座標が -5 である。

STEP UP (4)　直線 $y=-3x+8$ と平行で，点 $(-2,\ 4)$ を通る。

7 1次関数の式の求め方　次の2点を通る直線の式をそれぞれ求めましょう。

(1)　$(-1,\ 4)$，$(3,\ -8)$

(2)　$(-6,\ 3)$，$(-2,\ 5)$

(3)　$(-1,\ 3)$，$(5,\ -1)$

・2点から変化の割合 a を求め，$y=ax+b$ に1組の x，y を代入して b の値を求める。
・$y=ax+b$ に，2組の x，y の値を代入し，連立方程式として解いて，a，b の値を求める。
どちらの方法で求めてもいいよ。

第３章 関数

１次関数②

方程式とグラフの関係を確かめよう

チェックしよう!

方程式とグラフ

傾きが$\frac{1}{2}$，切片が-2の１次関数のグラフと一致するね!

・２元１次方程式 $ax+by=c$ のグラフは直線である。

例　$x-2y=4$ を y について解くと，$y=\frac{1}{2}x-2$ となる。

方程式 $y=k$ のグラフは，点 $(0,\ k)$ を通り x 軸に平行な直線。

方程式 $x=h$ のグラフは，点 $(h,\ 0)$ を通り y 軸に平行な直線。

・連立方程式 $\begin{cases} ax+by=c & \cdots① \\ a'x+b'y=c' & \cdots② \end{cases}$ の解は，直線①，②の交点の x 座標，y 座標の組で表される。

1次関数の利用

①**速さの問題→** 進むようすを表すグラフをかいて考える。

兄と弟が家を出発し，家から1200m離れた図書館へ向かった。兄は，家を歩いて出発し，分速60mで図書館へ向かい，家から720m離れた公園で5分間休んだ後，再び分速60mで図書館まで歩いた。弟は，兄が出発してから10分後に自転車で家を出発し，8分かけて図書館まで行った。

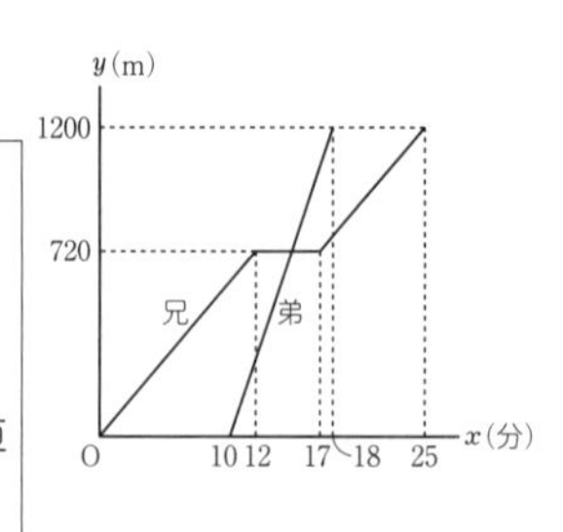

兄が出発してからの時間を x 分，そのときの家からの距離を y m とすると，兄と弟が進むようすは，上のグラフのようになるよ。２つのグラフの交点は，弟が兄に追いついたことを表しているね。

②**面積が変化する問題→**場合分けをして考える。

右の図の長方形ABCDで，点Pは点Aを出発して，辺上を点B，Cを通って点Dまで秒速1cmで動く。点Pが出発してからx秒後の△APDの面積をy cm²とすると，xとyの関係は次のようになる。

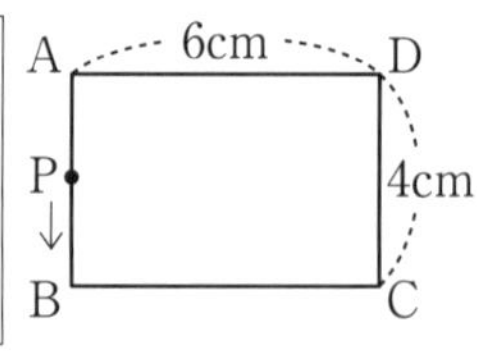

⑴ 点Ｐが辺AB上（$0\leqq x\leqq 4$）　$\triangle APD=\frac{1}{2}\times 6\times x=3x$（cm²）

⑵ 点Ｐが辺BC上（$4\leqq x\leqq 10$）　$\triangle APD=\frac{1}{2}\times 6\times 4=12$（cm²）

⑶ 点Ｐが辺CD上（$10\leqq x\leqq 14$）　$\triangle APD=\frac{1}{2}\times 6\times(14-x)=-3x+42$（cm²）

確認問題

CHECK 1

1 方程式とグラフ　次の文は，方程式 $2x-y=-4$ のグラフのかき方を説明したものです。文中の［　］にあてはまるものをかきましょう。

方程式 $2x-y=-4$ を y について解くと，$y=$［　　］となる。

$x=0$ のとき，$y=$［　］，$y=0$ のとき，$x=$［　］

よって，このグラフは 2 点 (0,［　］)，(［　］，0) を通る直線になり，

傾きは［　］，切片は［　］である。

CHECK 1

2 方程式とグラフ　連立方程式 $\begin{cases} x-3y=3 \\ x-y=-1 \end{cases}$ の解を，グラフを利用して求めましょう。

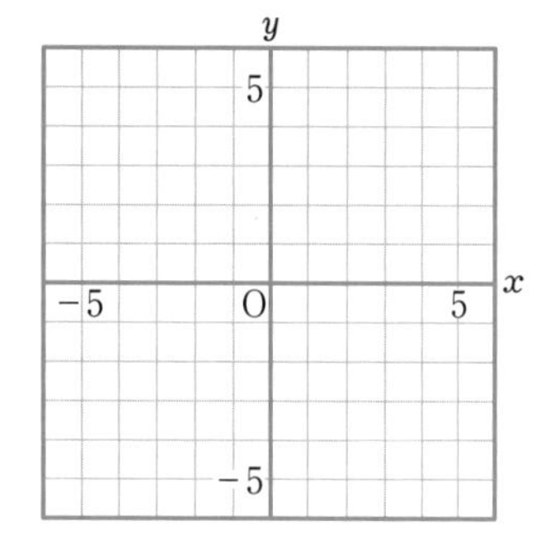

CHECK 2

3 1次関数の利用　次の問いに答えましょう。

(1)　妹は，9 時ちょうどに家を出発して，家から 1600m 離れた駅に分速 80m で歩いて向かいました。妹が出発してから 10 分後，妹の忘れ物を持った姉は家を出発し，自転車に乗って分速 180m で妹を追いかけました。9 時 x 分における家からの距離を ym とします。妹と姉が進むようすを，グラフに表しましょう。ただし，妹は家を出発してから駅に着くまで，姉は家を出発してから妹に追いつくまでとします。

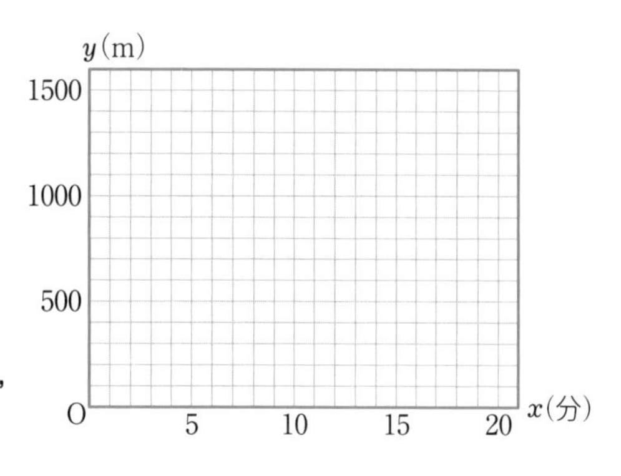

(2)　右の図の長方形 ABCD で，点 P は点 A を出発して，辺上を点 B，C を通って点 D まで，秒速 1cm で動きます。点 P が出発してから x 秒後の△APD の面積を $y\text{cm}^2$ とするとき，次のそれぞれの場合について，x の変域と，x と y の関係を表す式をかきましょう。

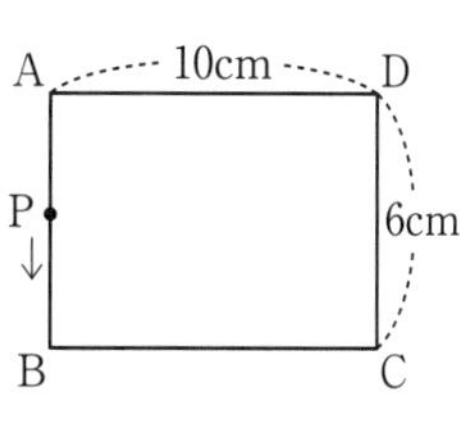

①　点 P が辺 AB 上にある場合

②　点 P が辺 BC 上にある場合

③　点 P が辺 CD 上にある場合

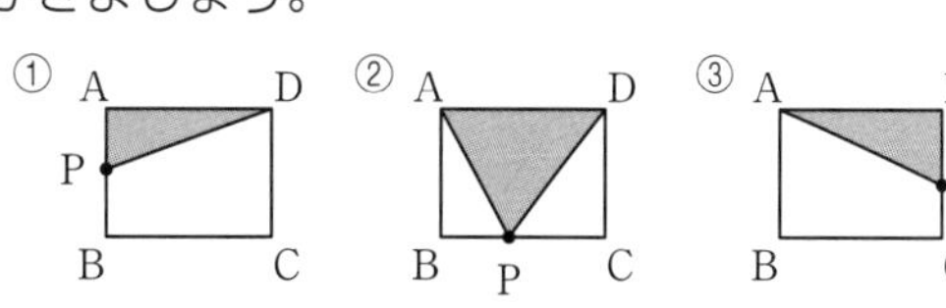

点 P のある辺が変わると，x と y の関係も変わるんだよ。

練習問題

1 方程式とグラフ　次の方程式のグラフをかきましょう。

(1)　$3x+5y=0$

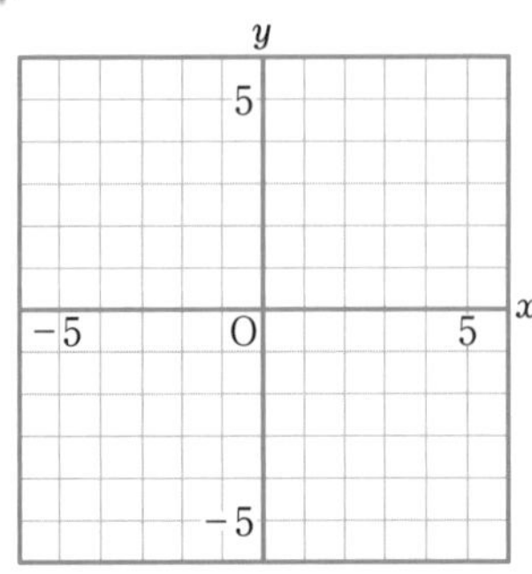

(2)　$-3x+4y=4$

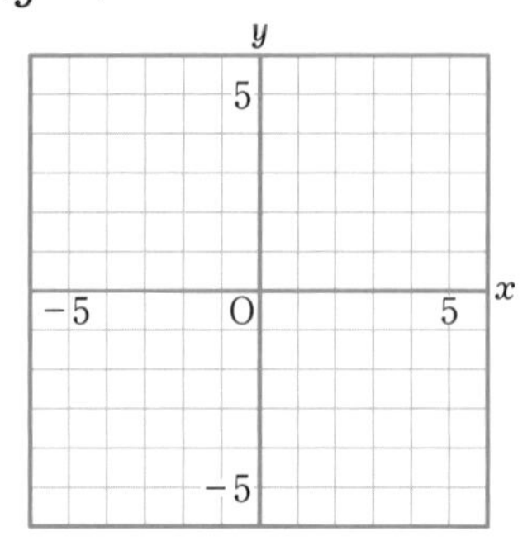

(3)　$2y=6$

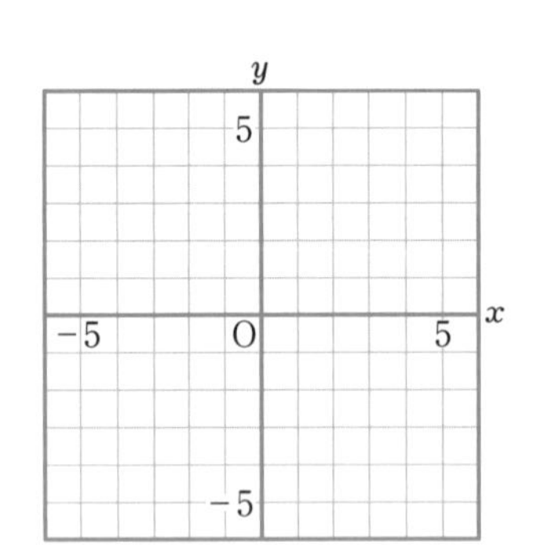

(4)　$x=-3$

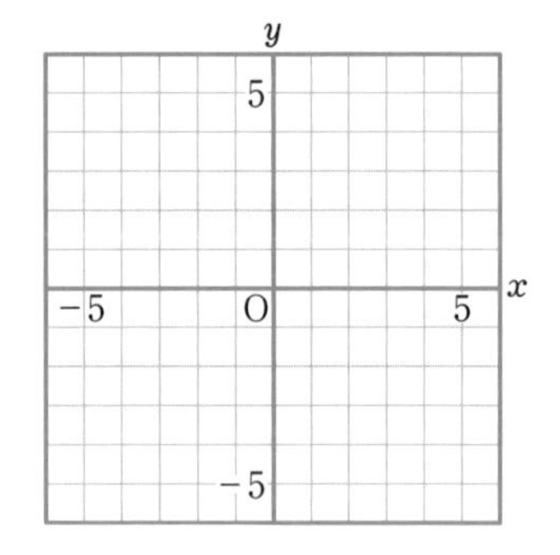

2 連立方程式とグラフ　連立方程式 $\begin{cases} 3x+2y=6 \\ 2x+y=5 \end{cases}$ の解を，グラフを利用して求めましょう。

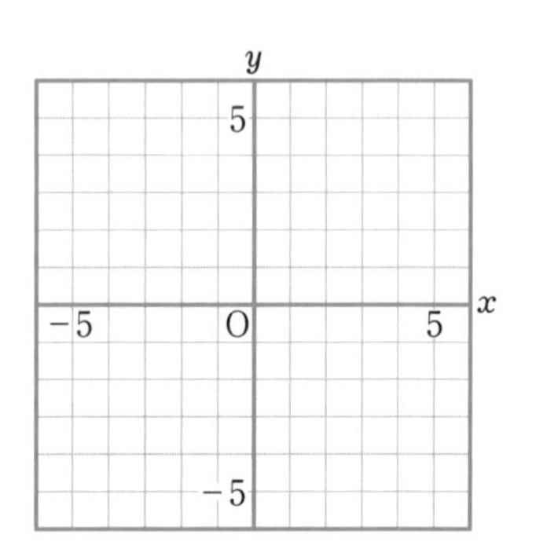

3 連立方程式とグラフ　右の図で，2つの直線 ℓ，m の交点の座標を求めましょう。

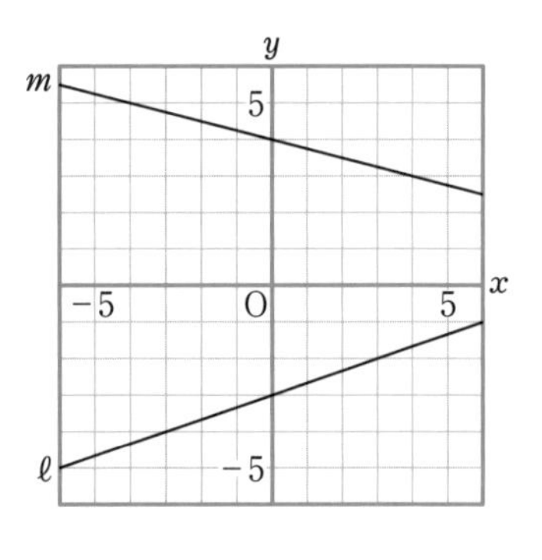

ヒント **4** (2)　Aさんとお姉さんが出会ったことを表しているのは，2つのグラフの交点だね！

4 1次関数の利用　Aさんの家と公園は1620m離(はな)れています。Aさんは公園を出発して，一定の速さで家に向かいました。お姉さんは，Aさんが公園を出発してから5分後に家を出発し，一定の速さで公園に向かいました。右のグラフは，Aさんが出発してからの時間をx分，家からの距離(きょり)をymとして，Aさんとお姉さんが進むようすを表したものです。次の問いに答えましょう。

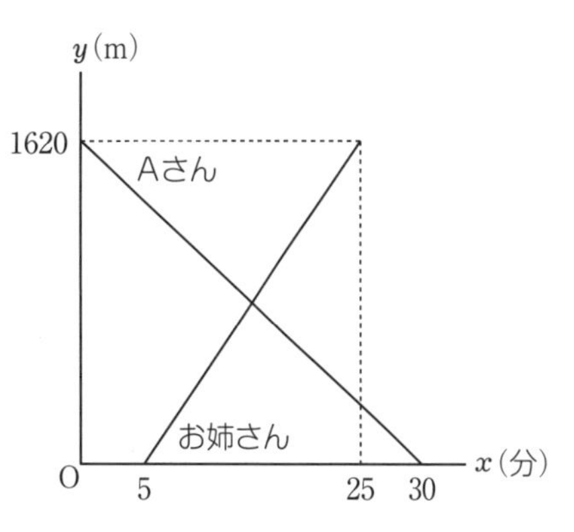

(1)　Aさんとお姉さんのそれぞれについて，xとyの関係を表す式をかきましょう。

ヒント (2)　Aさんとお姉さんが出会ったのは，Aさんが出発してから何分後か，求めましょう。

5 STEP UP　右の図の△ABCで，点Pは点Bを出発して，辺上を点Cを通って点Aまで，秒速1cmで動きます。点Pが出発してからx秒後の△ABPの面積を$y$cm^{2}とするとき，次の問いに答えましょう。

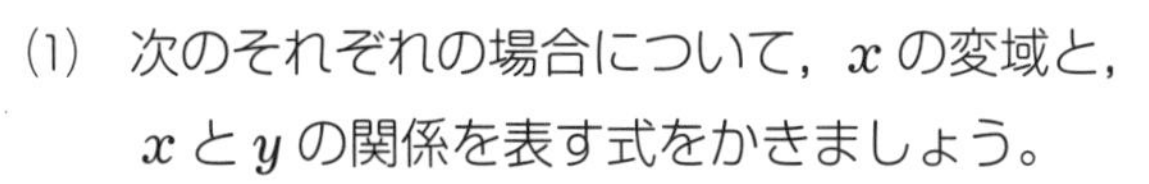

(1)　次のそれぞれの場合について，xの変域と，xとyの関係を表す式をかきましょう。

①　点Pが辺BC上にある場合

②　点Pが辺CA上にある場合

(2)　xとyの関係を，グラフに表しましょう。

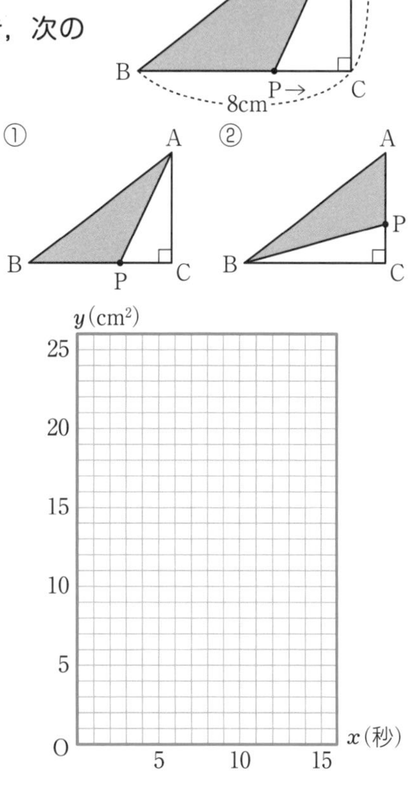

点Pが点Cに着くまで，
yは増え続けるけど，
点Pが点Cを過ぎると，
yは減っていくよ。

スマホでサクッとチェック：P2

1 第4章 図形

平面図形①

図形の移動について確かめよう

チェックしよう!

直線・線分・半直線

・両方に限りなくまっすぐにのびる線を直線という。また，直線の一部であるものには，線分と半直線がある。(図1)

図1

直線AB A B

線分AB A B
両端(りょうたん)A，Bをもつもの

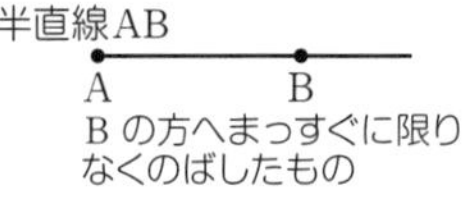

Bの方へまっすぐに限りなくのばしたもの

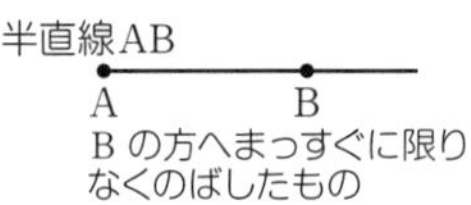

平行移動，対称(たいしょう)移動

・平面上で，図形を一定の方向に，一定の距離(きょり)だけ移すことを平行移動という。

・平行移動では，対応する2点を結ぶ線分はそれぞれ平行で，長さが等しい。(図2)

・2直線ABとCDが平行であることは，AB∥CDと表す。

・ある直線を折り目として折り返して図形を移すことを対称移動，折り目の直線を対称の軸(じく)という。

・対称移動では，対応する2点を結ぶ線分は，対称の軸によって垂直に2等分される。(図3)

・2直線ABとCDが垂直であることは，AB⊥CDと表す。

図2

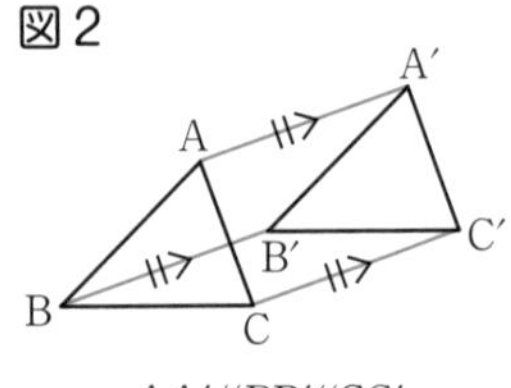

AA′∥BB′∥CC′
AA′＝BB′＝CC′

図3

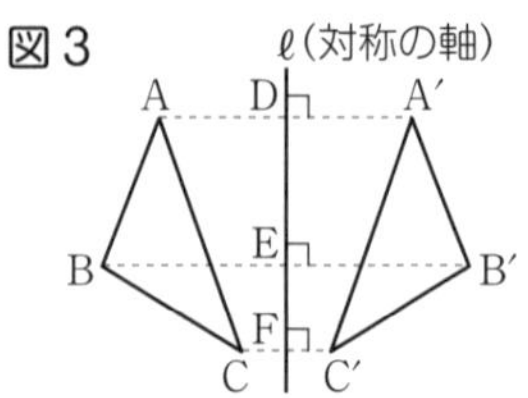

AA′⊥ℓ，BB′⊥ℓ，CC′⊥ℓ
AD＝A′D，BE＝B′E，CF＝C′F

回転移動，角の表し方

・図形を，ある点Oを中心にして一定の角度だけ回転させることを回転移動，そのとき中心とする点Oを回転の中心という。

・回転移動では，対応する点は，回転の中心から等しい距離にある。また，対応する点と回転の中心を結んでできる角の大きさはすべて等しい。(図4)

・半直線OA，OBによってできる角を∠AOBと表す。(図5)

図4

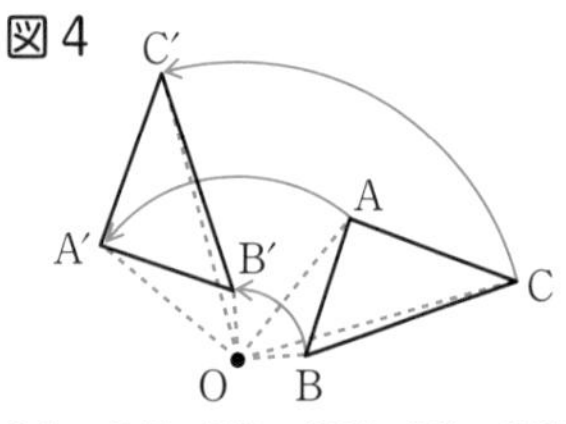

OA＝OA′，OB＝OB′，OC＝OC′
∠AOA′＝∠BOB′＝∠COC′

図5

確認問題

CHECK 1

1 直線・線分・半直線 次の(1)〜(3)を，右にかきましょう。

(1) 直線 AB

(2) 線分 BC

(3) 半直線 CA

CHECK 2

2 平行移動，対称移動 右の図のア〜エの三角形はすべて合同です。次の問いに答えましょう。

(1) 平行移動だけで三角形アに重ねることのできる三角形を選びましょう。

(2) 1 回の対称移動で三角形アに重ねることができる三角形を選びましょう。

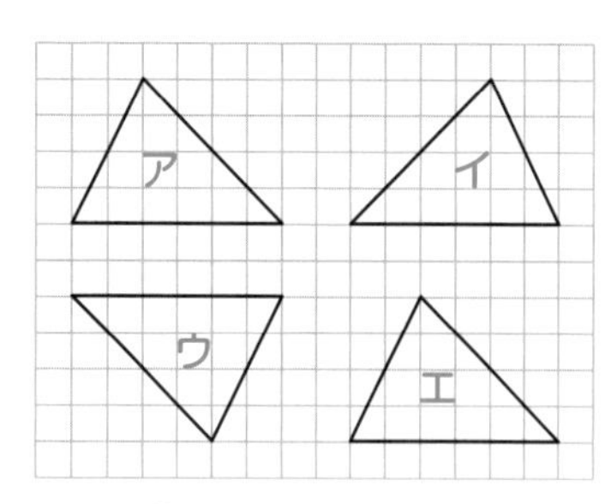

CHECK 3

3 角の表し方 右の図で，線分 AB と線分 CD の交点を O とするとき，∠AOC＝65° です。次の問いに答えましょう。

(1) ∠AOD の大きさを求めましょう。

(2) ∠AOC と大きさが等しい角を答えましょう。

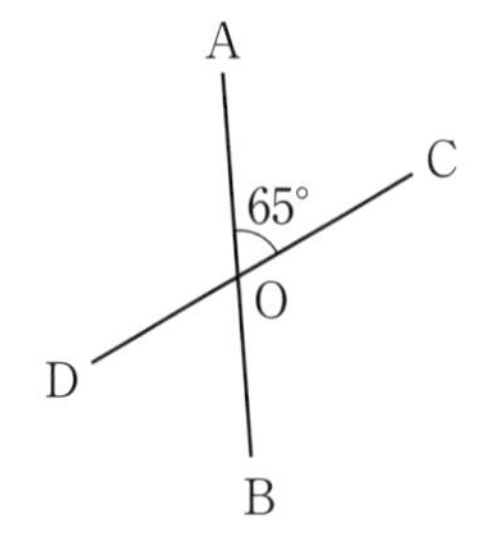

CHECK 3

4 回転移動 次の問いに答えましょう。

(1) 図 1 の△ABC を，点 O を中心にして，時計の針の回転と反対方向に 90° 回転移動した図形をかきましょう。

(2) 図 2 の△DEF を，点 P を中心にして 180° 回転移動した図形をかきましょう。

図 1

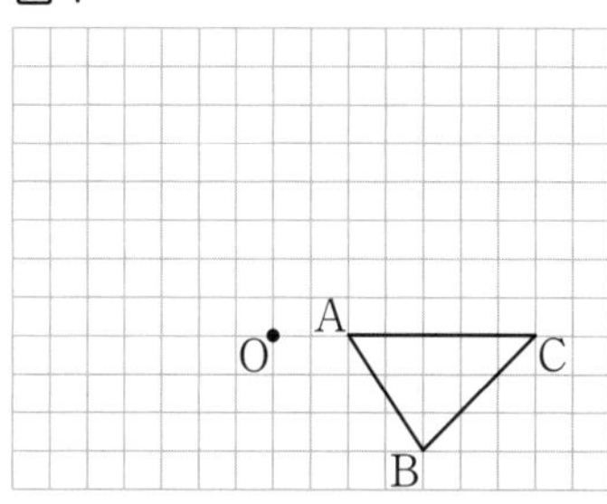

図 2

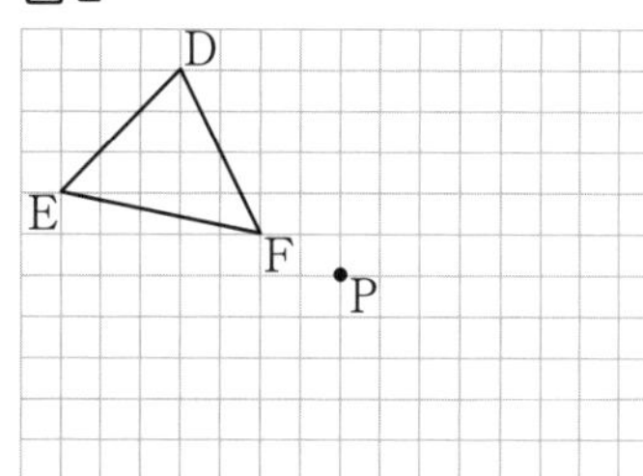

練習問題

1 平行移動，対称移動　次の問いに答えましょう。

(1) 図１の△ABCを，点Bを点Pに移すように平行移動した図形をかきましょう。

図１

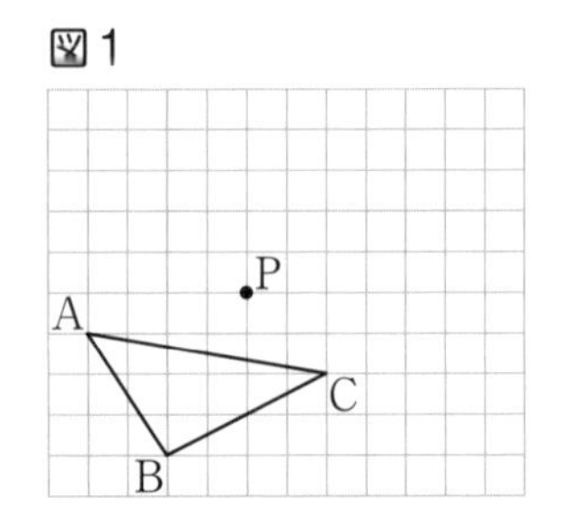

(2) 図２の四角形DEFGを，直線ℓを対称の軸として対称移動した図形をかきましょう。

図２

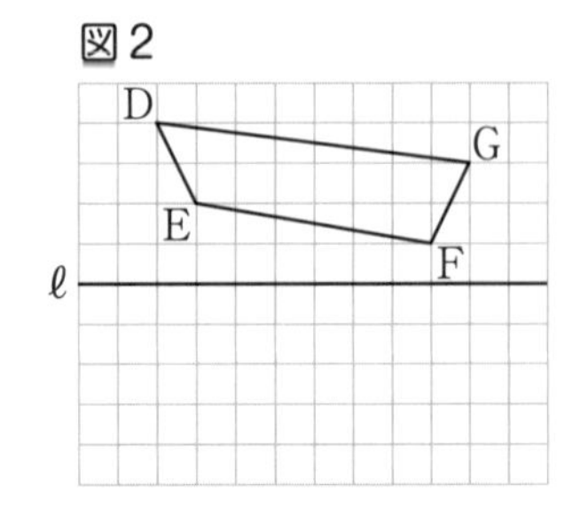

2 平行移動　右の図の△PQRは，△ABCを平行移動したものです。次の問いに答えましょう。

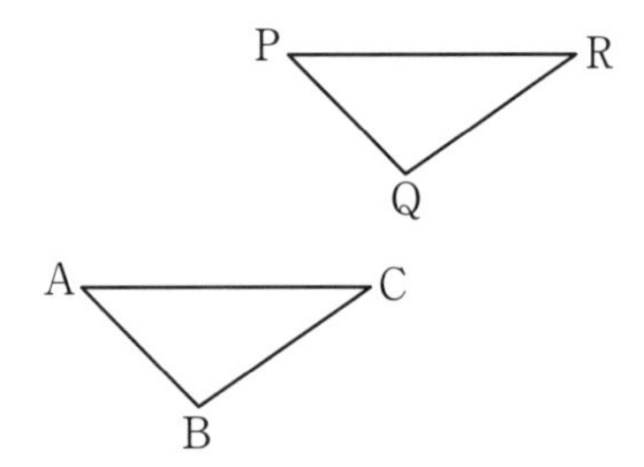

(1) 点Bに対応する点を答えましょう。

(2) 辺ACに対応する辺を答えましょう。

(3) 線分APと線分BQの位置関係を，記号を使って表しましょう。

(4) 辺BCと辺QRの長さの関係を，記号を使って表しましょう。

3 対称移動　右の図の四角形EFGHは，四角形ABCDを直線ℓを対称の軸として対称移動したものです。次の問いに答えましょう。

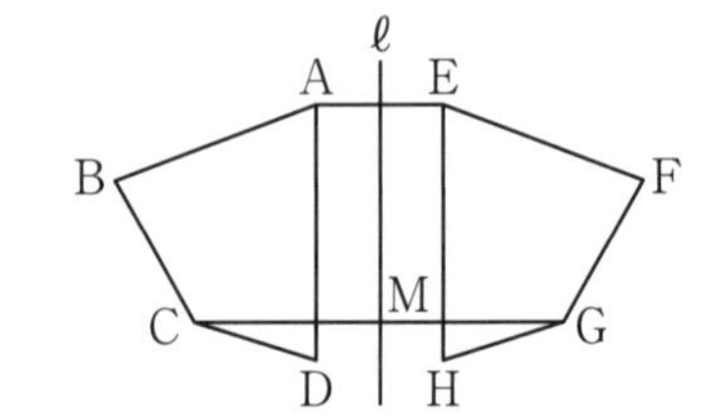

(1) 点Bに対応する点を答えましょう。

(2) 辺DAに対応する辺を答えましょう。

(3) 線分AEと直線ℓの位置関係を，記号を使って表しましょう。

(4) 線分CGが直線ℓと交わる点をMとするとき，線分CMと線分GMの長さの関係を，記号を使って表しましょう。

ヒント　**5** (5)　回転の中心を，点Oにしたときと，ODのまん中にしたときで考えよう！

4 回転移動　右の図の△PQR は，△ABC を点 O を中心にして時計の針の回転と同じ方向に 60° 回転移動したものです。次の問いに答えましょう。

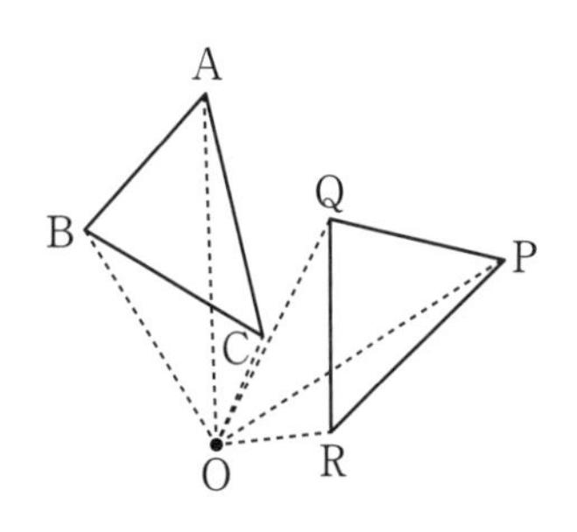

⑴　点 C に対応する点を答えましょう。

⑵　辺 PQ に対応する辺を答えましょう。

⑶　∠BAC に対応する角を答えましょう。

⑷　線分 OB と長さが等しい線分を答えましょう。

⑸　∠AOP の大きさを求めましょう。

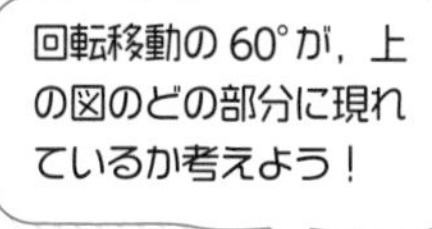

5 図形の移動　右の図の四角形 ABCD は長方形で，点 P，Q，R，S は長方形 ABCD のそれぞれの辺のまん中の点です。また，図中の 8 つの三角形はすべて合同です。次の問いに答えましょう。

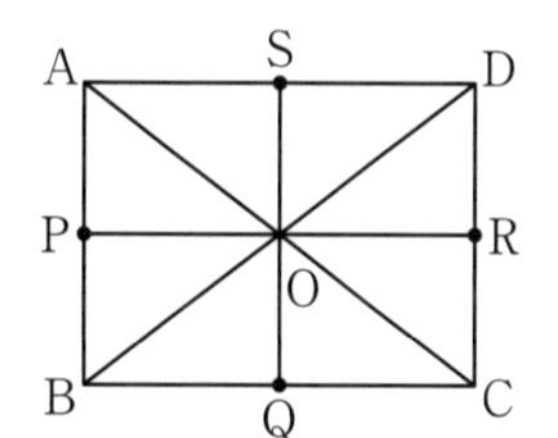

⑴　△OAS を平行移動すると，ぴったりと重なる三角形を答えましょう。

⑵　△OAS を，SQ を対称の軸として対称移動すると，ぴったりと重なる三角形を答えましょう。

⑶　△DSO を，点 O を回転の中心にして回転移動すると，ぴったりと重なる三角形を答えましょう。

⑷　△PBO を，PR を対称の軸として対称移動し，さらに平行移動すると，ぴったりと重なる三角形を答えましょう。

ヒント ⑸　△DOR を回転移動すると，ぴったりと重なる三角形をすべて答えましょう。

第４章 図形

2 平面図形②

円とおうぎ形や作図のしかたについて確かめよう

チェックしよう！

CHECK 1 円とおうぎ形

・図１のように，円Ｏの周上に２点Ａ，Ｂがあるとき，点Ａから点Ｂまでの部分を弧（こ）AB（$\overset{\frown}{AB}$と表す），２点Ａ，Ｂを結んだ線分を弦（げん）AB，円の中心ＯとＡ，Ｂを結んだ∠AOBを$\overset{\frown}{AB}$に対する中心角という。（$\overset{\frown}{AB}$は，ふつう短い方の弧をさす。）

図１

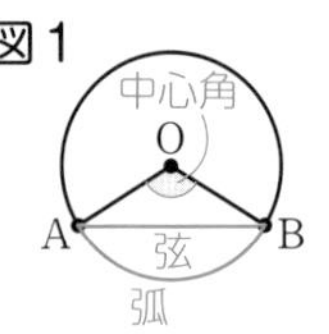

・図２のように，円と直線が１点だけを共有するとき，直線は円に接するといい，この直線を接線，共有する点を接点という。
円の接線は，その接点を通る半径に垂直である。

図２

・半径 r，中心角 $a°$ のおうぎ形の弧の長さを ℓ，面積を S とすると，

$\ell = 2\pi r \times \frac{a}{360}$　　$S = \pi r^2 \times \frac{a}{360}$

CHECK 2 作図

・線分を２等分する点を中点といい，線分の中点を通り，その線分に垂直な直線をその線分の垂直二等分線という。線分の垂直二等分線は，図３のように作図する。
線分の垂直二等分線上の点は，線分の両（りょう）端（たん）の点から等しい距離（きょり）にある。

図３

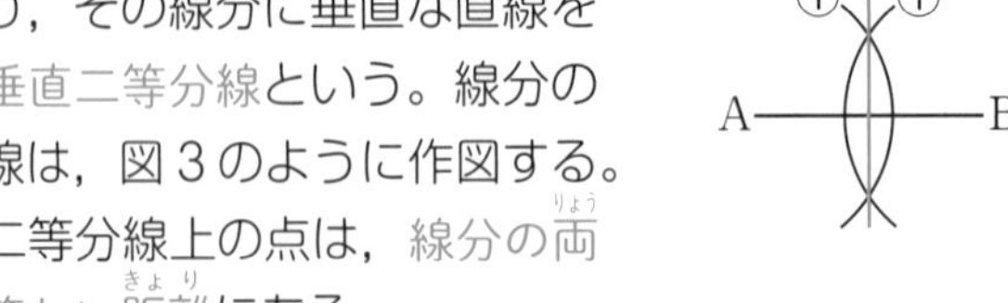

①線分の両端の点Ａ，Ｂをそれぞれ中心として，等しい半径の円をかく。
②この２つの円の交点を直線で結ぶ。

・角を２等分する直線を，その角の二等分線という。角の二等分線は，図４のように作図する。角の二等分線上の点は，角の2辺から等しい距離にある。

図４

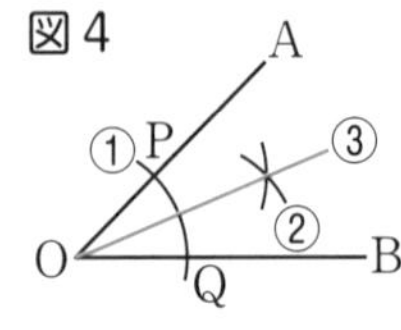

①点Ｏを中心とする円をかき，角の２辺OA，OBとの交点を，それぞれＰ，Ｑとする。
②Ｐ，Ｑをそれぞれ中心として，等しい半径の円をかく。
③その交点の１つと点Ｏを直線で結ぶ。

・２つの直線が垂直に交わるとき，一方をもう一方の垂線という。
垂線は，図５のように作図する。

図５

③ P
A B ① ℓ
② ②

①点Ｐを中心とする円をかき，直線 ℓ との交点をＡ，Ｂとする。
②点Ａ，Ｂをそれぞれ中心として，等しい半径の円をかく。
③その交点の１つと点Ｐを直線で結ぶ。

点Ｐが直線 ℓ 上にあるときも同じ方法で作図できるよ！

・円の接線は接点を通る半径に垂直だから，円の接線の作図は，垂線の作図を利用する。（図６）

図６

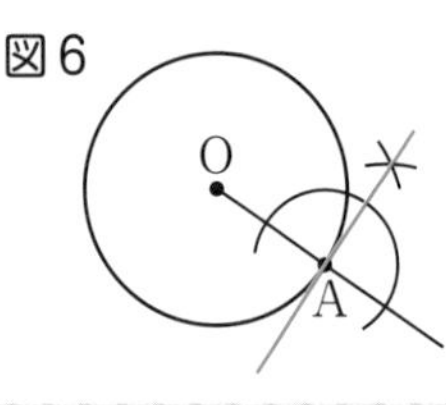

確認問題

1 円とおうぎ形　次の問いに答えましょう。

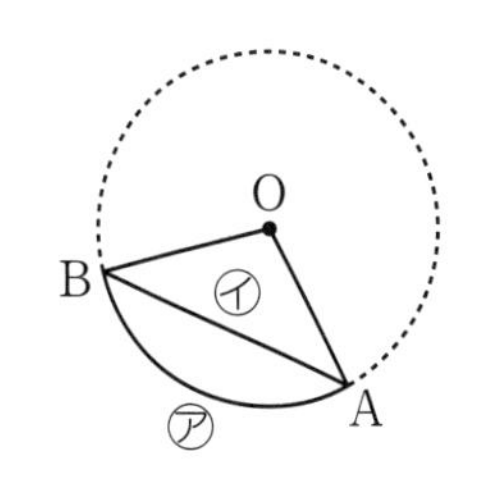

(1) 右の図は，円周上の２点Ａ，Ｂと，円の中心Ｏを結んだものです。

① 円周上の点Ａから点Ｂまでの部分㋐を何といいますか。また，記号を使って表しましょう。

② ２点Ａ，Ｂを結んだ線分㋑を何といいますか。

(2) 半径12cm，中心角60°のおうぎ形の弧の長さと面積をそれぞれ求めましょう。

2 作図　次の直線をそれぞれ作図しましょう。

(1) 線分ABの垂直二等分線

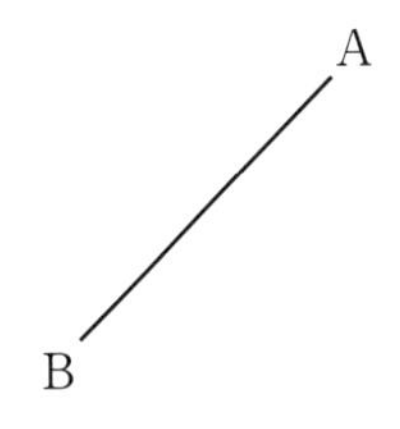

(2) ∠XOYの二等分線

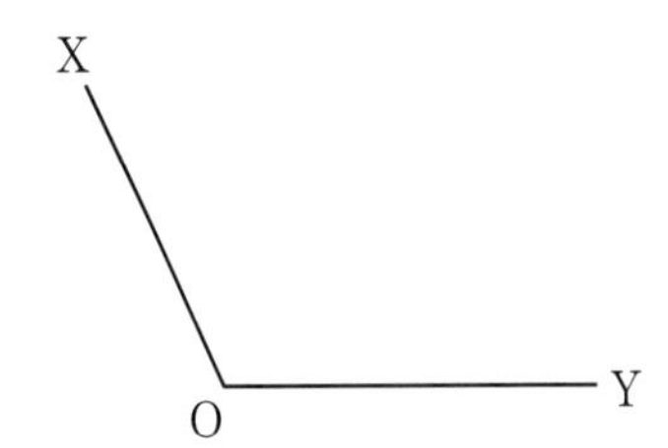

(3) 直線 ℓ 上の点Ｐを通る直線 ℓ の垂線

ℓ
P

(4) 点Ａが接点となる円Ｏの接線

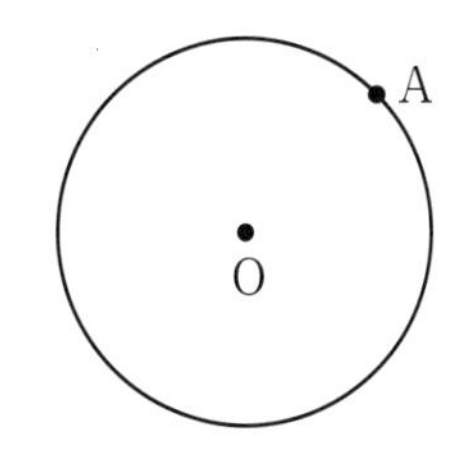

練習問題

1 おうぎ形　次の問いに答えましょう。

(1) 半径 7.5cm，中心角 240° のおうぎ形の弧(こ)の長さと面積を求めましょう。

(2) 半径が 6cm で，面積が 5πcm² のおうぎ形の中心角を求めましょう。

2 STEP UP　半径 18cm で，弧の長さ 14πcm のおうぎ形の面積を求めましょう。

3 作図　次の直線または点を，作図によって求めましょう。

(1) 3 点 A，B，C を通る円

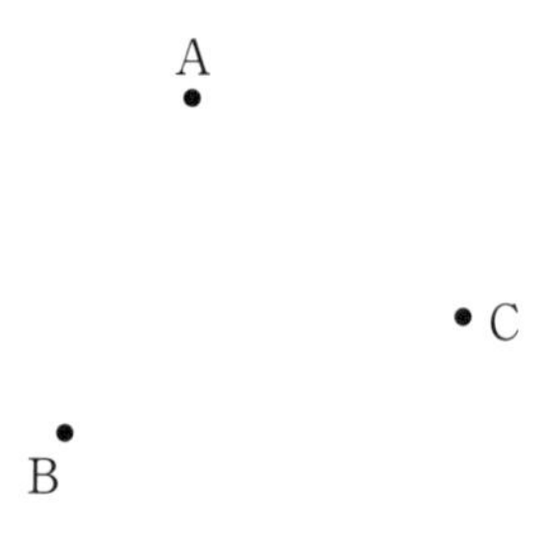

(2) 辺 AC 上にあって，辺 AB，BC から等しい距離(きょり)にある点 P

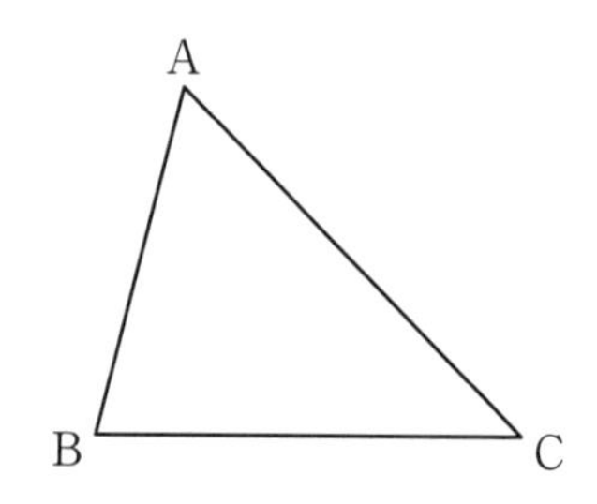

ヒント **6** (1)は 90°，(2)は 60° のそれぞれ $\frac{1}{2}$ と考えればいいね！

4 STEP UP 右の図の長方形 ABCD を，点 B が点 D に重なるように折ったとき，長方形 ABCD にできる折り目の線分を，作図によって求めましょう。

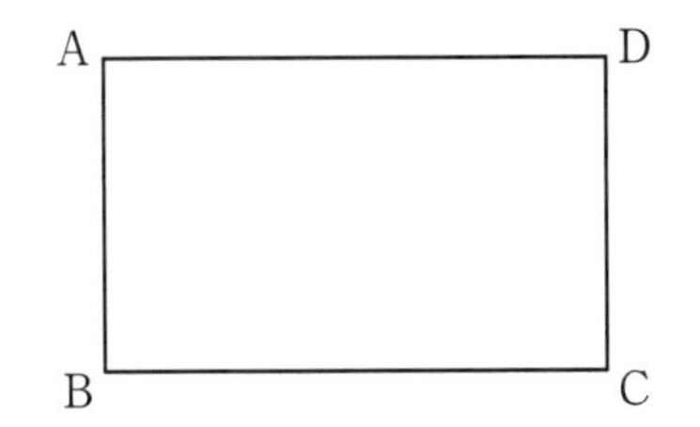

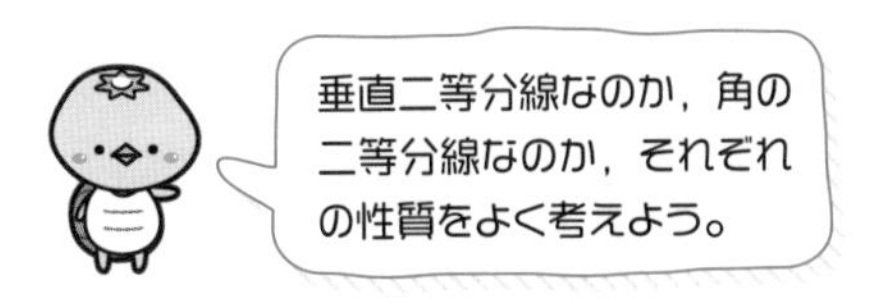

5 作図　次の作図をしましょう。

(1)　点 P を通り，直線 ℓ 上の点 Q で直線 ℓ に接する円

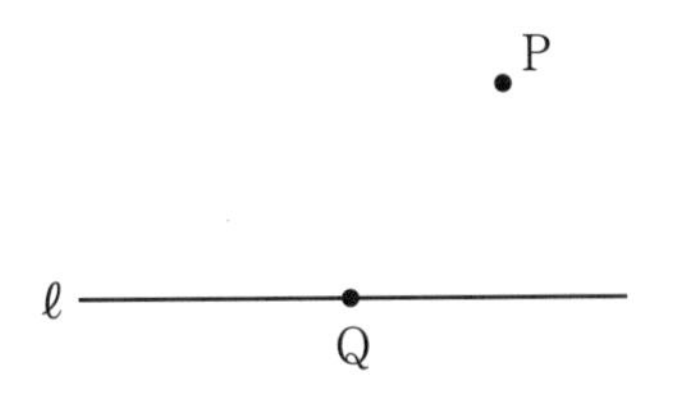

(2)　△ABC の辺 AB，BC から等しい距離にあり，点 A にもっとも近い点 P

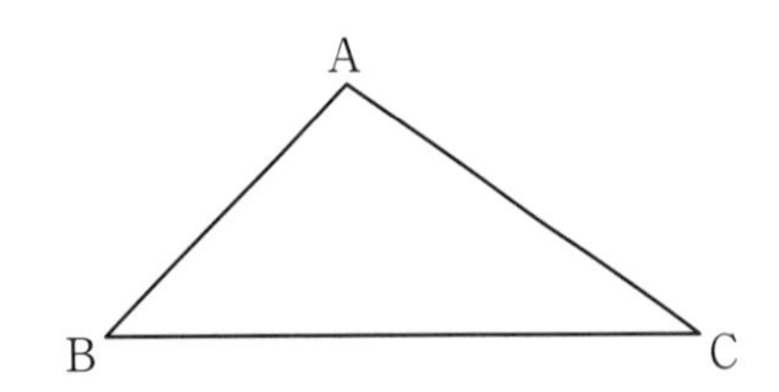

ヒント **6** STEP UP 線分 AB に対して，∠BAC の大きさが次の角になる半直線 AC を，それぞれ 1 つずつ作図しましょう。

(1)　45°

A　　B

(2)　30°

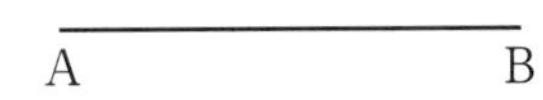

3 第4章 図形
空間図形①
立体，平面と直線の位置関係，回転体について確かめよう

チェックしよう!

いろいろな立体

図1

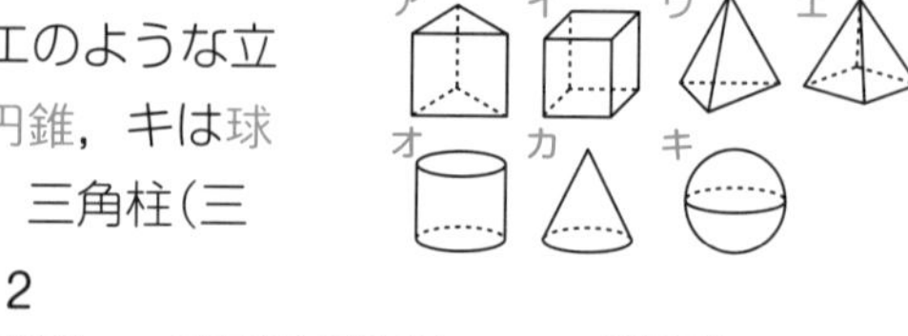

・図1のア，イのような立体を角柱，ウ，エのような立体を角錐(すい)という。また，オは円柱，カは円錐，キは球という。角柱(角錐)は底面の形によって，三角柱(三角錐)，四角柱(四角錐)，…という。

・ア～エのように，平面だけで囲まれた立体を多面体という。多面体のうち，次の2つの性質をもち，へこみのない立体を正多面体といい，図2の5種類がある。

図2

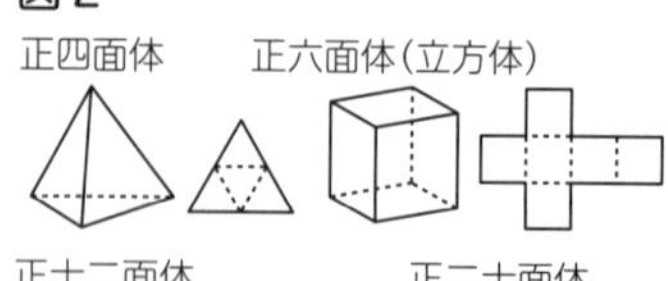

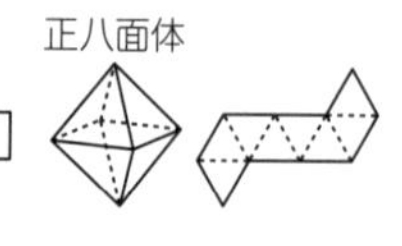

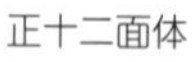

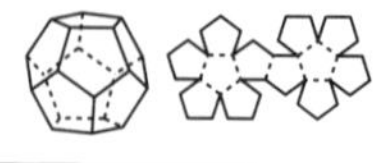

正多面体の2つの性質
①どの面も合同な正多角形　②どの頂点にも同じ数の面が集まる

直線と面の位置関係

・空間内の2直線の位置関係(図3)

図3

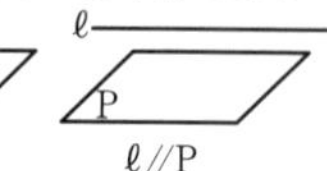

・直線と平面の位置関係(図4)

図4

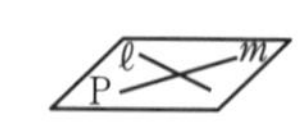

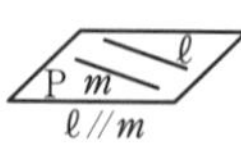

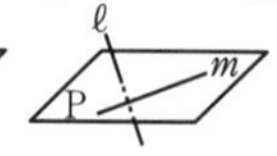

・2平面の位置関係(図5)
※2つの平面P，Qがつくる角が直角のとき，PとQは垂直で，P⊥Qと表す。

図5

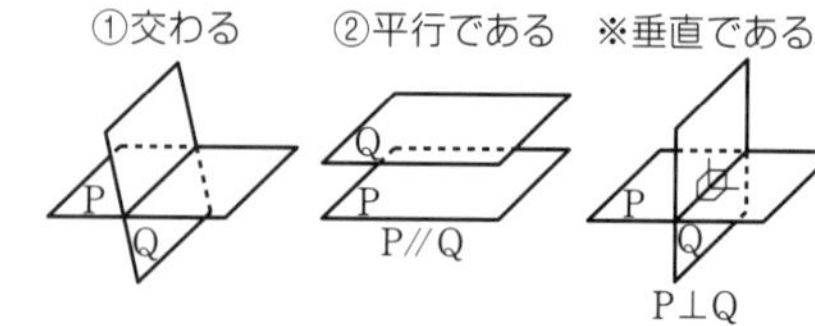

回転体

・多角形や円をその面に垂直な方向に動かすと，角柱や円柱ができる。また，線分を多角形や円の周にそって1まわりさせると，角柱，円柱，角錐，円錐などができる。(図6)

・円柱や円錐などのように，平面図形を，その平面上の直線を軸(じく)として1回転させてできる立体を回転体という。このとき，円柱や円錐の側面をえがく辺ABを母線という。(図7)

図6

面を動かしてできる立体

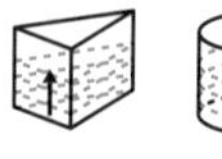

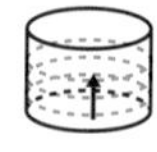

線を動かしてできる立体

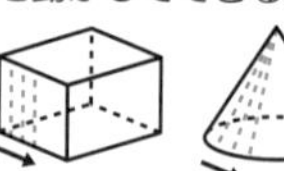

図7

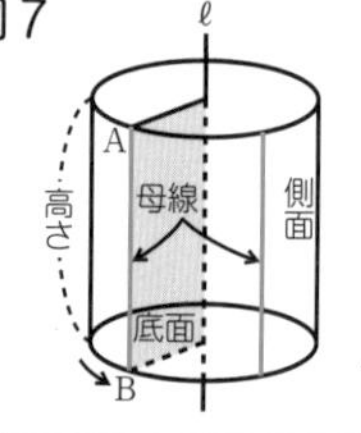

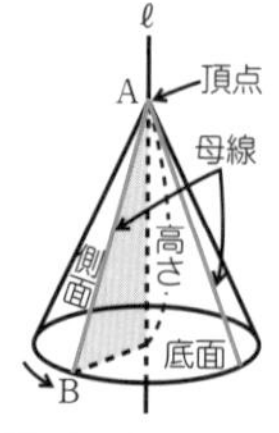

確認問題

1 いろいろな立体　次の問いに答えましょう。

(1)　右のア～エの立体について，それぞれの名前を答えましょう。また，ア～エのうち，多面体をすべて選び，記号で答えましょう。

ア 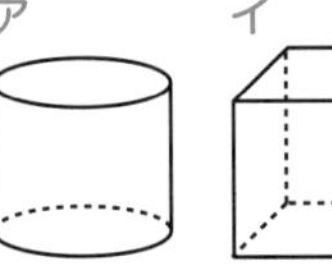 イ 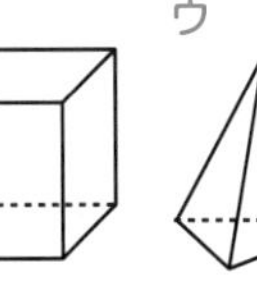 ウ  エ 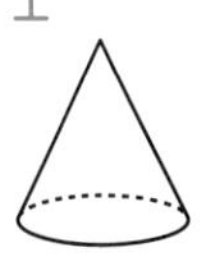

(2)　次の①，②の展開図を組み立ててできる立体の名前を答えましょう。

① 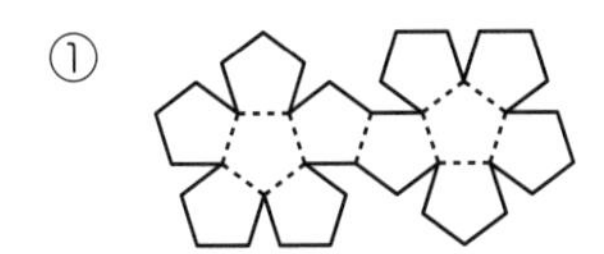

② 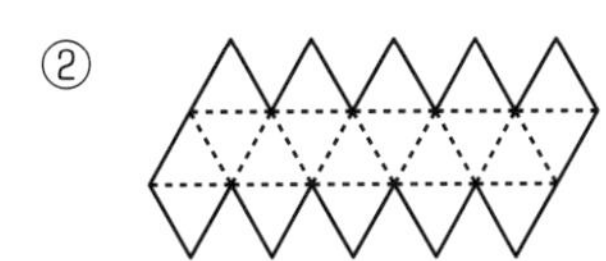

2 直線と面の位置関係　下の図の直方体 ABCD－EFGH について，次の辺や面をすべて答えましょう。

(1)　辺 CG と平行な辺

(2)　辺 CG と垂直な辺

(3)　辺 CG とねじれの位置にある辺

(4)　面 ABCD と平行な面

(5)　面 ABCD と垂直な面

(6)　面 ABCD と平行な辺

(7)　面 ABCD と垂直な辺

3 回転体　次の問いに答えましょう。

(1)　五角形を，その図形に垂直な方向に動かしてできる立体の名前を答えましょう。

(2)　右の図形を，直線 ℓ を軸として１回転させてできる立体の見取り図をかきましょう。

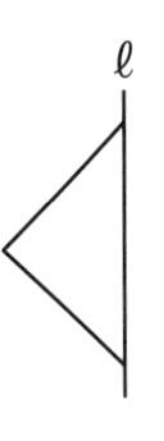

上下２つの三角形に分けて考えるといいよ。

練習問題

1 正多面体　次の表にあてはまることばや数を書き入れて，表を完成させましょう。

	面の形	面の数	頂点の数	辺の数
正四面体				
正六面体				
正八面体				
正二十面体				

2 STEP UP　次の⑴，⑵は，正十二面体の頂点の数，辺の数の求め方を説明したものです。それぞれの□にあてはまる式や数を書いて，説明を完成させましょう。

⑴　正十二面体には合同な正五角形の面が□個あるので，それらの頂点の数の合計は，□＝□(個)です。正十二面体の 1 つの頂点には□個の面が集まっています。よって，正十二面体の 1 つの頂点には，それぞれの面の正五角形の頂点が□個ずつ重なることになります。
したがって，正十二面体の頂点の数は，□＝□(個)です。

⑵　頂点の数と同じように考えると，正十二面体のそれぞれの面の正五角形の辺の数の合計は，□＝□(本)です。正十二面体の 1 つの辺には，それぞれの面の正五角形の辺が□本ずつ重なっています。
よって，正十二面体の辺の数は，□＝□(本)です。

3 立体の辺や面の位置関係　右の図は，底面が正方形の正四角錐(すい) A－BCDE です。次の辺をすべて答えましょう。

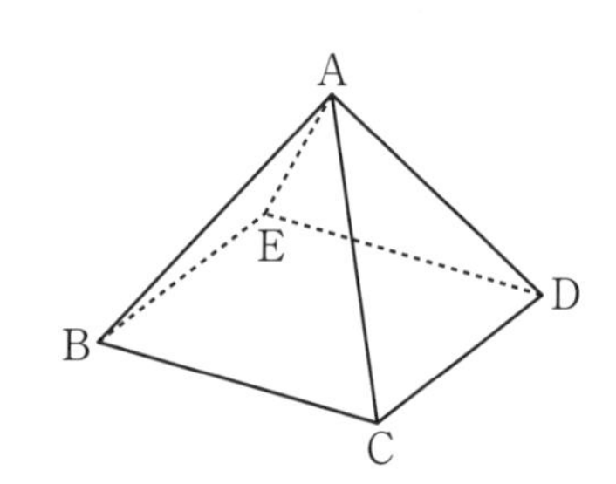

⑴　辺 AB と交わる辺

⑵　辺 AD とねじれの位置にある辺

⑶　辺 BC とねじれの位置にある辺

ねじれの位置にある辺は，交わらず，平行でもない辺だよ。

ヒント **6** 軸の直線 ℓ にくっついているところと少し離(はな)れているところがあることに注意しよう！

4 STEP UP 右の図は，立方体の展開図です。次の面をア～カからすべて答えましょう。

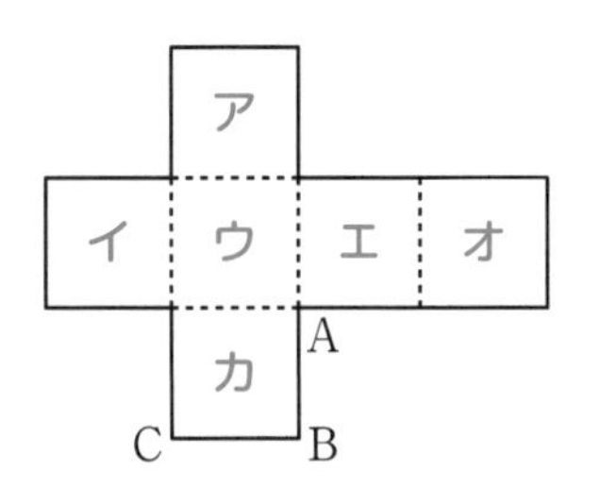

(1) 辺 AB と垂直な面

(2) 辺 AB と平行な面

(3) 辺 BC と平行な面

5 面や線を動かしてできる立体　次の立体の名前を答えましょう。

(1) 長方形を，その長方形に垂直な方向に動かしてできる立体

(2) 円の周にそって，その円に垂直な線分を 1 まわりさせてできる立体

(3) 円の中心の真上の点 A と，その円周上の点 B を結ぶ線分 AB を，円周にそって 1 まわりさせてできる立体

ヒント **6** 回転体　右の図形を，直線 ℓ を軸(じく)として 1 回転させてできる立体の見取図をかきましょう。

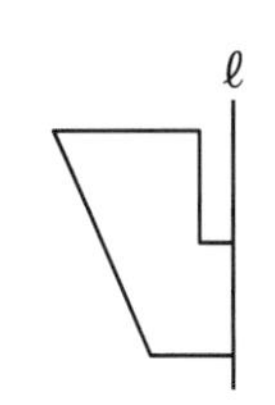

4 第4章 図形

空間図形②

投影図や立体の表面積・体積について確かめよう

チェックしよう！

CHECK 1 投影図（とうえいず）

・立体を真上から見た図と正面から見た図で表す方法がある。

　立面図…正面から見た図

　平面図…真上から見た図

・立面図と平面図をあわせて投影図という。例えば，円柱の投影図は，右の図のようになる。実際に見える線は実線，うしろにかくれて見えない線は破線で表す。

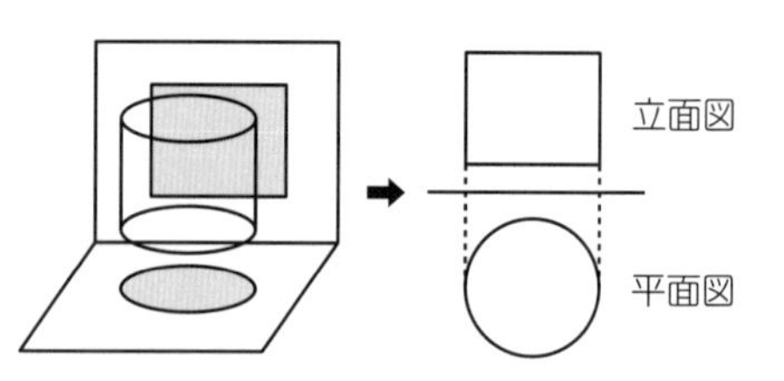

立面図と平面図だけでわからないときには，側面から見た図を加えることもあるよ！

CHECK 2 立体の表面積

・立体のすべての面の面積の和を表面積という。
また，すべての側面の面積の和を側面積，1つの底面の面積を底面積という。

　（角柱・円柱の表面積）＝（底面積）×2＋（側面積）

・円柱の底面の半径を r，高さを h とすると，

　（円柱の表面積）$=2\pi r^2+2\pi rh$

　（角錐（すい）・円錐の表面積）＝（底面積）＋（側面積）

底面積は底面1つの面積であることに注意！

CHECK 3 立体の体積

・角柱・円柱，角錐・円錐の底面積を S，高さを h，体積を V とする。
また，円柱，円錐の底面の半径を r とすると，

　角柱・円柱の体積　$V=Sh$　　特に，円柱の体積　$V=\pi r^2h$

　角錐・円錐の体積　$V=\frac{1}{3}Sh$　　特に，円錐の体積　$V=\frac{1}{3}\pi r^2h$

・球の半径を r，表面積を S，体積を V とすると，

　$S=4\pi r^2$　　$V=\frac{4}{3}\pi r^3$

公式の係数の部分は，正しく覚えよう！

確認問題

1 投影図　次の問いに答えましょう。

(1) 下の投影図は，四角柱，三角錐，四角錐のうち，どの立体を表していますか。名前を答えましょう。

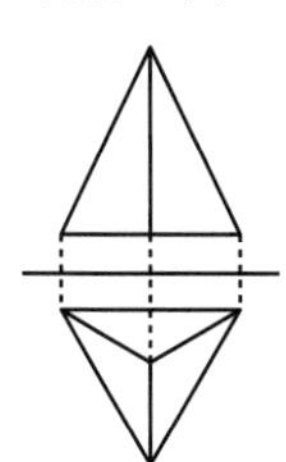

(2) 下の立体の投影図のたりない部分をかき入れ，図を完成させましょう。

円錐

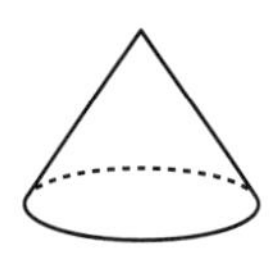

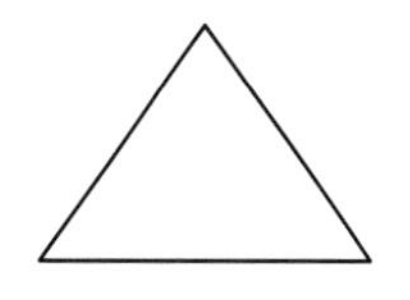

2 立体の表面積　次の立体の表面積を求めましょう。

(1) 三角柱　　(2) 円柱　　(3) 正四角錐

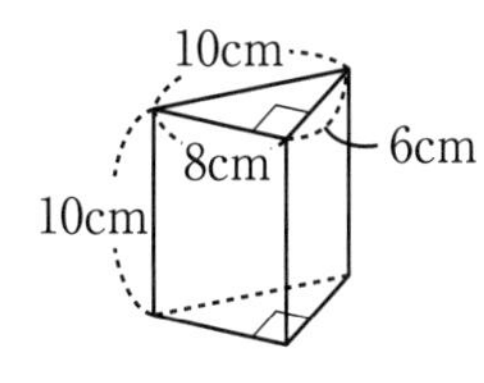

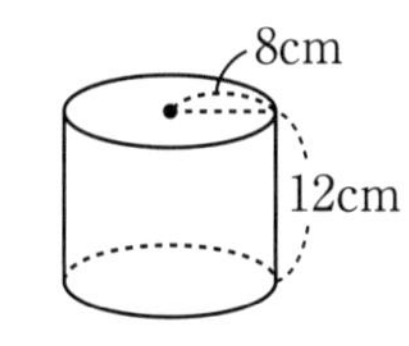

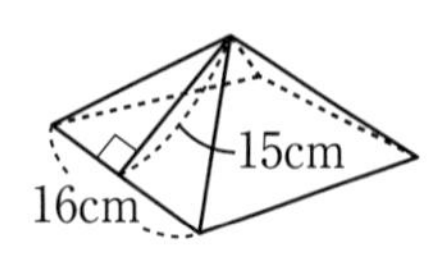

3 立体の体積　次の立体の体積を求めましょう。

(1) 底面の半径が 6cm で，高さが 7cm の円柱

(2) 底面の半径が 5cm で，高さが 12cm の円錐

(3) 半径が 3cm の球

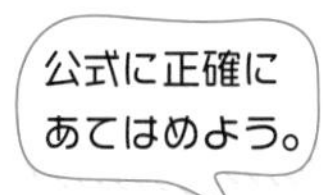

練習問題

1 投影図（とうえいず）　次の投影図は，円柱，四角錐（すい），正八面体のうち，どの立体を表していますか。名前を答えましょう。

(1)

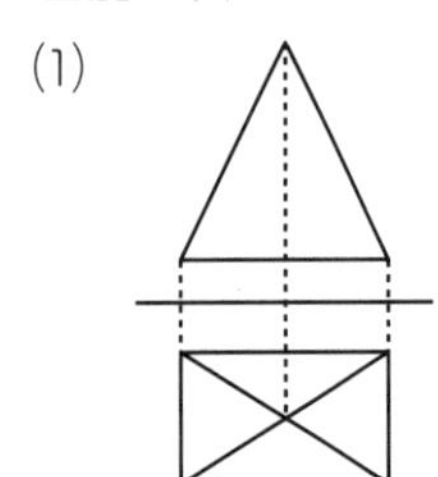

(2)

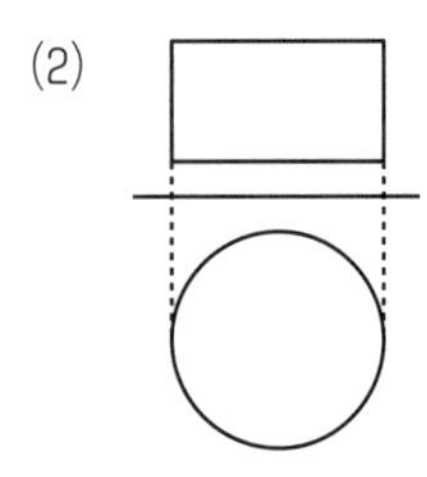

(3)

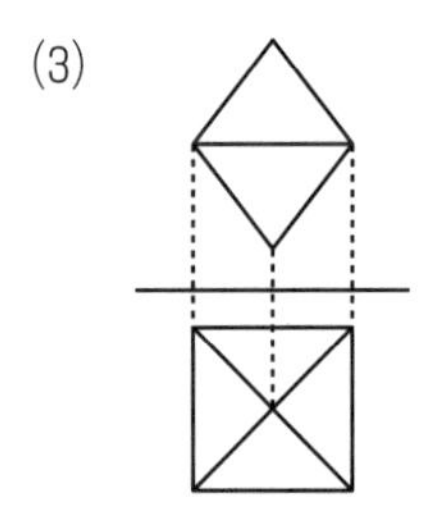

2 STEP UP　右の図は，ある立体の投影図です。この立体の見取図をかきましょう。

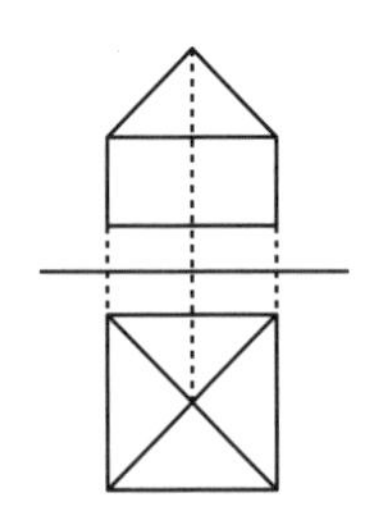

3 立体の表面積　次の立体の表面積を求めましょう。

(1)　底面の半径が 14cm で，高さが 6cm の円柱

(2)　底面の半径が 4cm で，母線の長さが 12cm の円錐

(3)　円錐

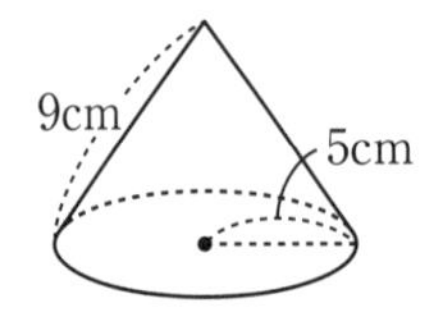

(4)　円錐と円柱を組み合わせた立体

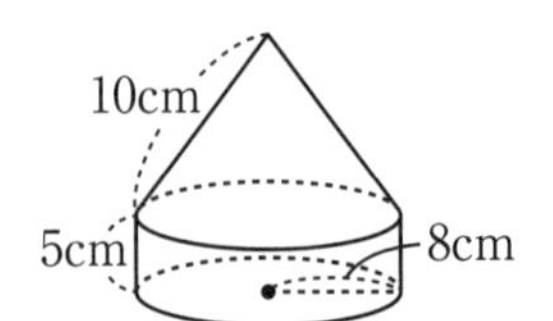

ヒント　**4** (3)　底面が台形の四角柱だね！　(台形の面積) $= \frac{1}{2} \times$ (上底 + 下底) $\times$ (高さ) だよ！

4 立体の体積　次の立体の体積を求めましょう。

(1)　底面の半径が 6cm で，高さが 15cm の円錐

(2)　三角錐

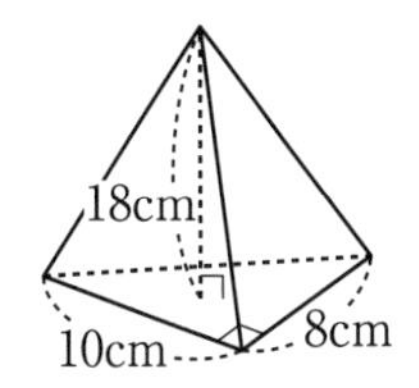

ヒント (3)　四角柱

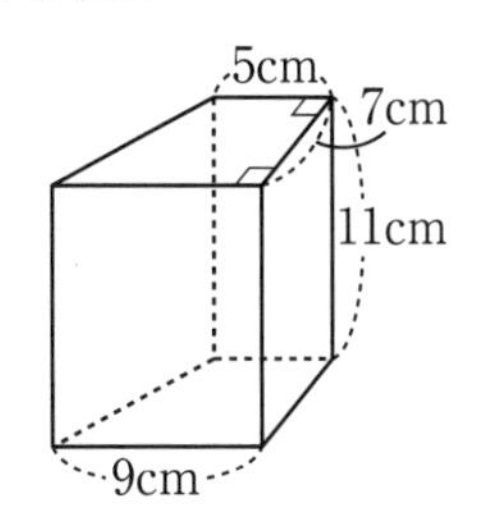

(4)　円錐と円錐を組み合わせた立体

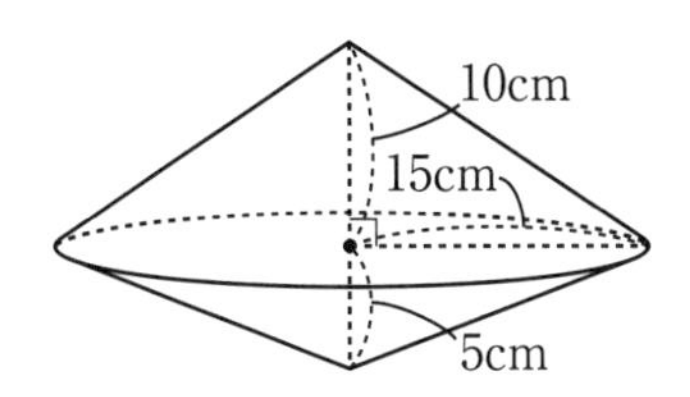

(5)　円柱から円錐をくりぬいた立体

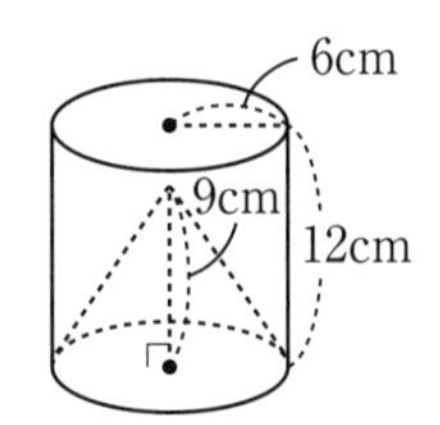

5 球の表面積と体積　次の立体の表面積と体積を求めましょう。

(1)　半球

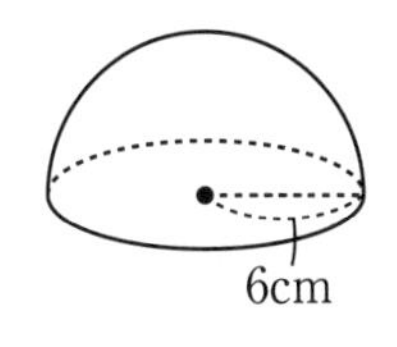

(2)　球を 4 等分した立体

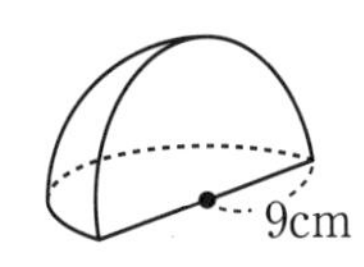

5 第4章 図形

図形の性質と合同①

平行線と角，多角形の角について確かめよう

チェックしよう!

CHECK 1 平行線と角

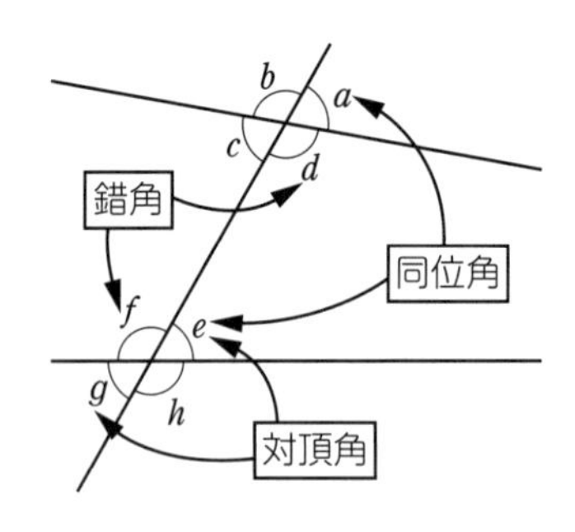

・対頂角…2 直線が交わってできる 4 つの角のうち，向かい合っている 2 つの角。

・同位角…図の∠a と∠e のような位置にある角。

・錯角(さっかく)……図の∠d と∠f のような位置にある角。

> ・対頂角は等しい。
> ・平行線の同位角，錯角は等しい。

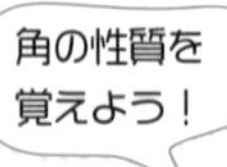

CHECK 2 多角形の角

・△ABC の∠A，∠B，∠C を内角といい，1 つの辺と，それととなり合う辺の延長がつくる角を外角という。（図 1）

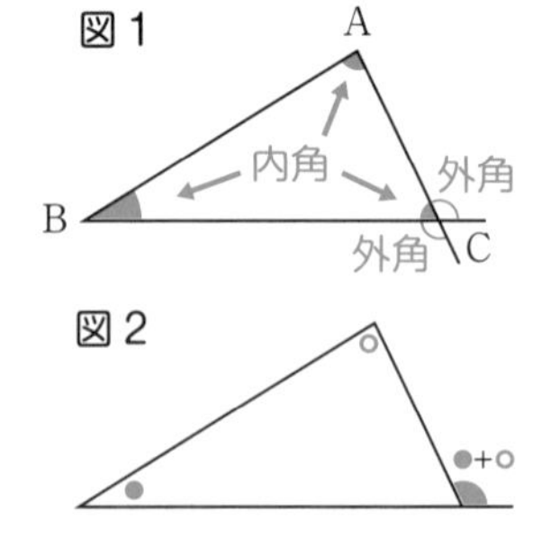

> 三角形の内角と外角の性質
> ①三角形の 3 つの内角の和は 180°
> ②三角形の 1 つの外角は，それととなり合わない 2つの内角の和に等しい。（図 2）

・0° より大きく 90° より小さい角を鋭角(えいかく)，90° より大きく 180° より小さい角を鈍角(どんかく)という。

鋭角三角形	直角三角形	鈍角三角形
3 つの角が鋭角	1 つの角が 90°	1 つの角が鈍角

・多角形の内角と外角の和

① n 角形の内角の和は，$180° \times (n-2)$

② n 角形の外角の和は，n の値に関係なく 360°

角のさまざまな用語と性質を覚えておこう！

確認問題

1 平行線と角　次の問いに答えましょう。

(1)　右の図において，次の角を答えましょう。

①　$\angle a$ の対頂角

②　$\angle c$ の錯角

③　$\angle d$ の同位角

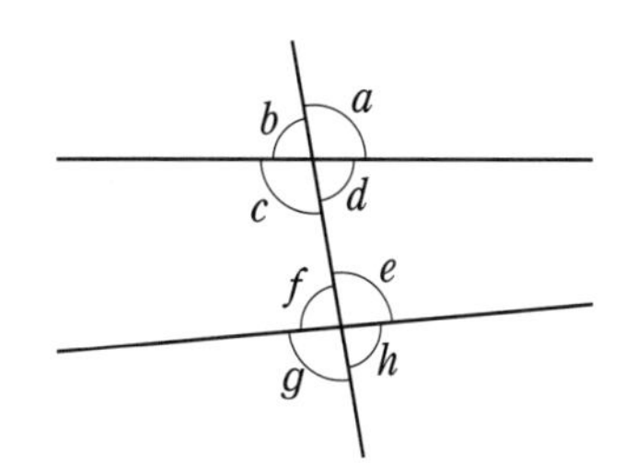

(2)　$\ell /\!/ m$ のとき，$\angle a$，$\angle b$ の大きさをそれぞれ求めましょう。

①

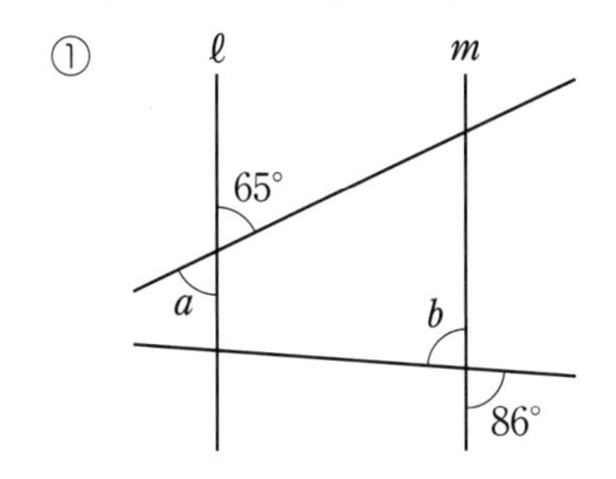

②

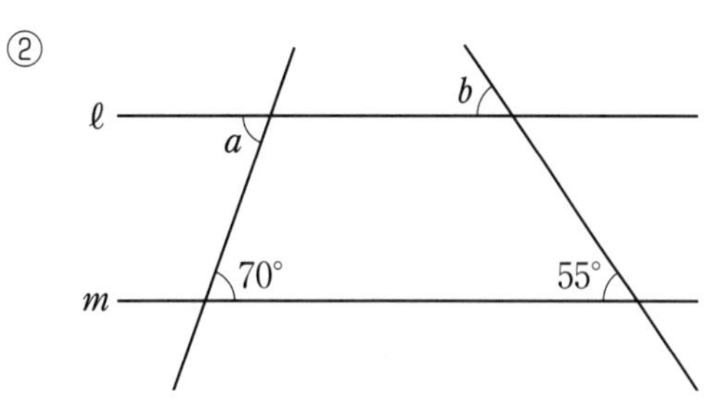

②∠a は錯角，∠b は同位角に注目しよう！

2 多角形の角　次の問いに答えましょう。

(1)　$\angle x$ の大きさをそれぞれ求めましょう。

①

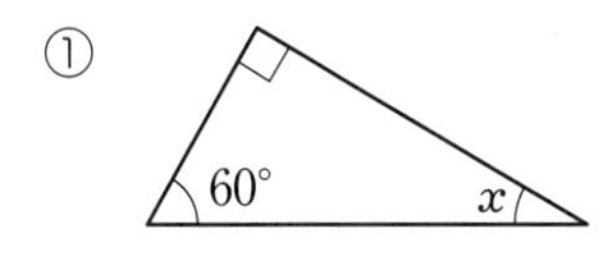

②

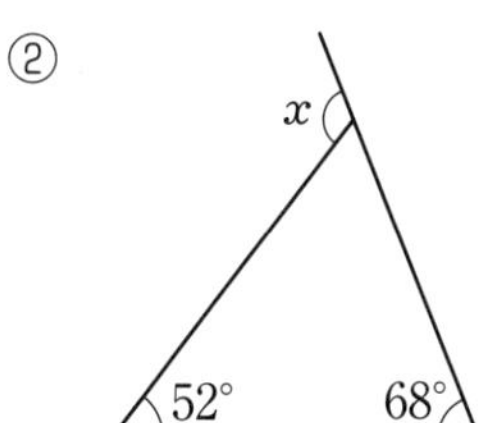

③

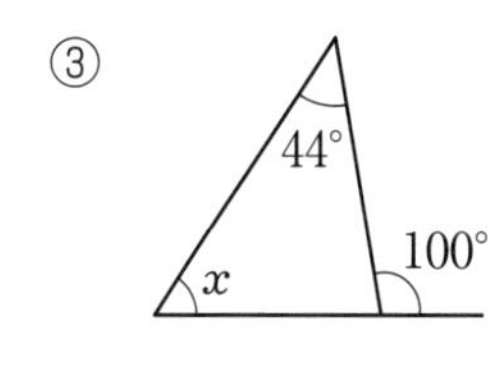

(2)　2つの内角の大きさが次のような三角形は，鋭角三角形，直角三角形，鈍角三角形のどれか，答えましょう。

①　45°，75°　　②　36°，52°　　③　27°，63°

(3)　正八角形の1つの外角の大きさを求めましょう。

練習問題

1 対頂角・同位角・錯角(さっかく) 次の角を答えましょう。

(1)① $\angle e$ の対頂角
② $\angle f$ の錯角
③ $\angle g$ の同位角

(2)① $\angle b$ の対頂角
② $\angle g$ の錯角
③ $\angle f$ の同位角

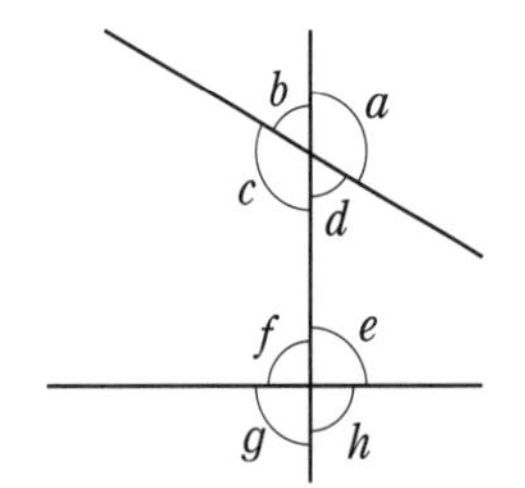

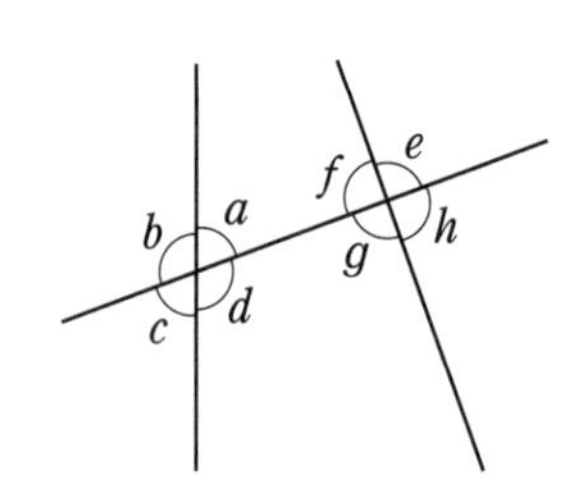

2 平行線と角 下の図で，$\ell /\!/ m$ のとき，次の角の大きさを求めましょう。

(1)① $\angle a$
② $\angle b$
③ $\angle c$

(2)① $\angle a$
② $\angle b$

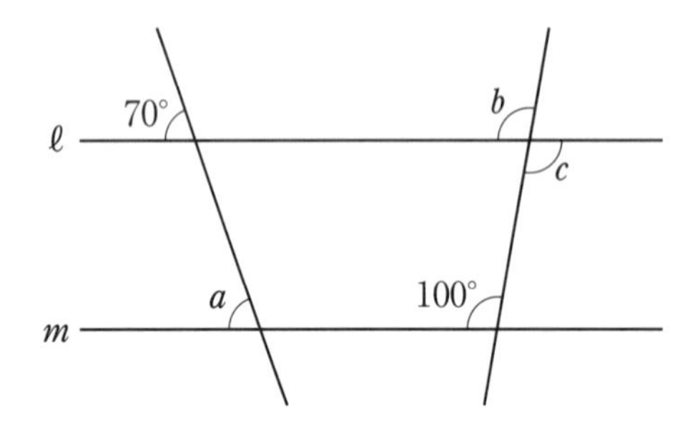

3 STEP UP 右の図で，$\ell /\!/ m$ のとき，$\angle a$ の大きさを求めましょう。

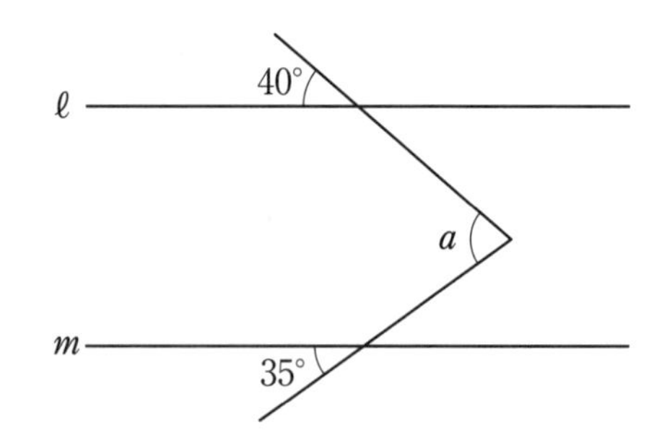

ℓ，m に平行で，∠a の頂点を通る直線をひいて考えよう！

ヒント **7** 三角形の内角と外角の性質を使って考えよう！

4 三角形の内角と外角　$\angle x$ の大きさをそれぞれ求めましょう。

(1)

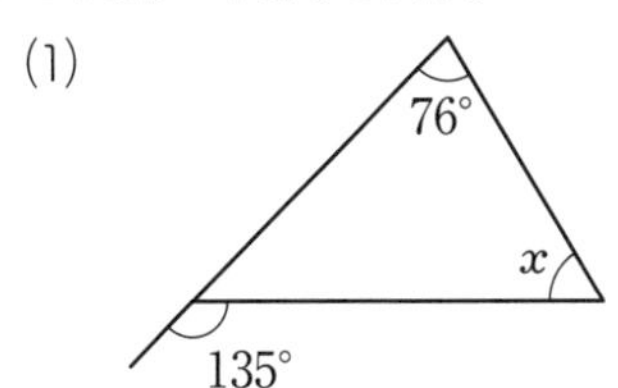

(2)

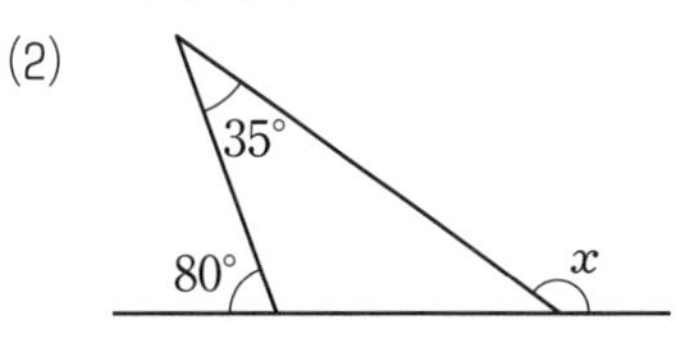

5 多角形の内角と外角　次の問いに答えましょう。

(1)　十角形の内角の和を求めましょう。

(2)　正十八角形の 1 つの内角の大きさを求めましょう。

(3)　内角の和が 1260° である多角形は何角形ですか。

(4)　1 つの外角の大きさが 18° である正多角形の内角の和を求めましょう。

6 多角形の内角の和と外角の和　$\angle x$ の大きさをそれぞれ求めましょう。

(1)

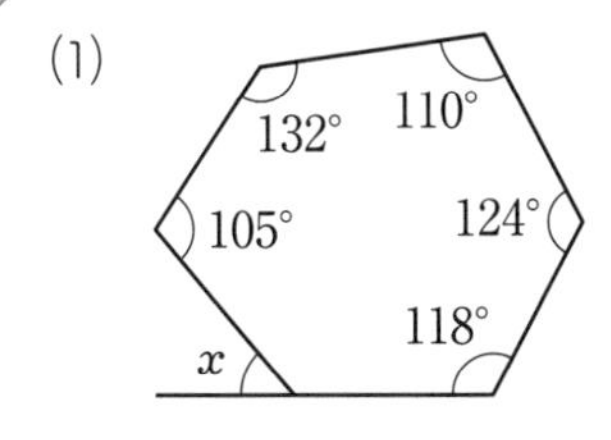

(2)

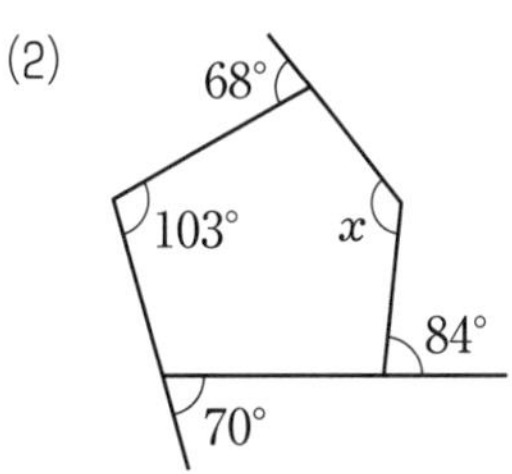

7 STEP UP　$\angle x$ の大きさをそれぞれ求めましょう。

(1)

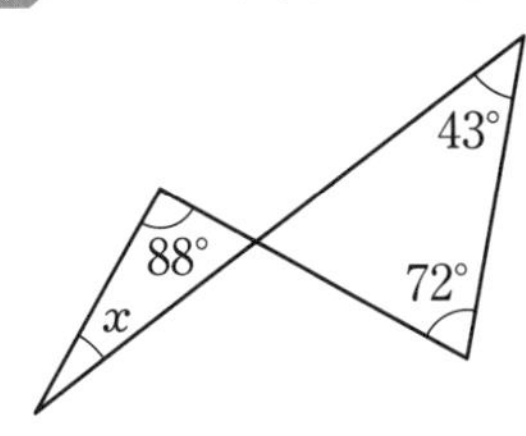

(2)　$\ell // m$

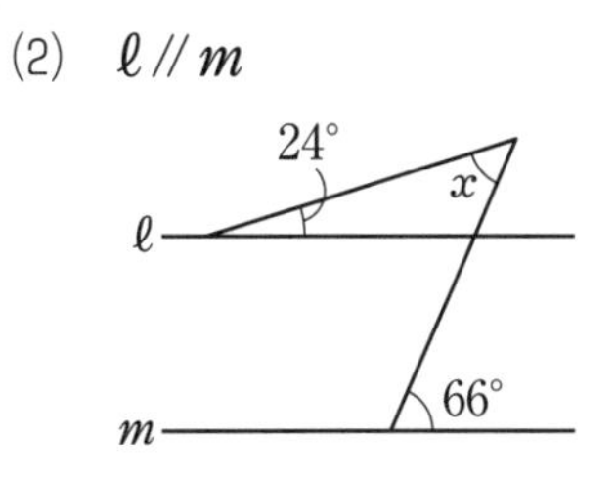

第４章 図形

図形の性質と合同②

合同や証明の進め方について確かめよう

チェックしよう！

合同

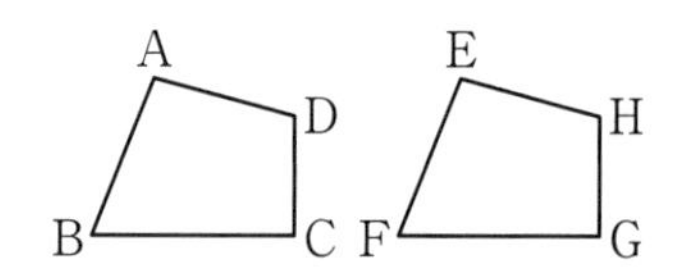

・２つの平面図形について，一方を移動させて他方にぴったり重ね合わせることができるとき，これらの図形は合同であるという。

・合同な図形は，四角形ABCD≡四角形EFGH のように表す。

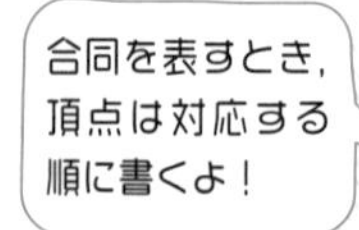

・合同な図形の対応する線分の長さ，対応する角の大きさはそれぞれ等しい。

・２つの三角形は，次のどれかが成り立つとき合同である。

三角形の合同条件

① ３組の辺がそれぞれ等しいとき

$a=a'$，$b=b'$，$c=c'$

② ２組の辺とその間の角がそれぞれ等しいとき

$a=a'$，$c=c'$，∠B＝∠B′

③ １組の辺とその両端（りょうたん）の角がそれぞれ等しいとき

$a=a'$，∠B＝∠B′，∠C＝∠C′

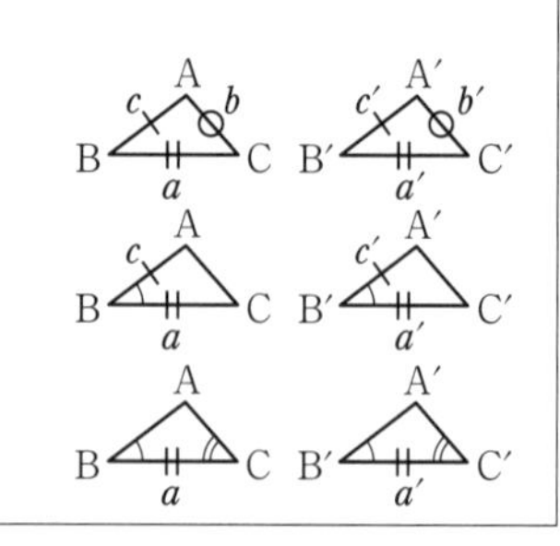

証明の進め方

・(ア)ならば(イ)である，のような形で表されることがらで，(ア)の部分を仮定，(イ)の部分を結論という。

・すでに正しいと認められていることを根拠（こんきょ）とし，仮定からすじ道を立てて結論を導くことを証明という。

・証明は次のように進める。

⑴ 仮定と結論をはっきりさせる。

⑵ ①結論を導くために着目すること，②仮定からいえることを考え，さらに，①と②を結びつけるために必要なことがらを考える。

⑶ １つ１つのことがらの根拠を明らかにしながら，結論を導く。

自分で図をかいて，その図の中に，等しい辺や角の情報をかきこんで考えよう！

確認問題

CHECK 1

1 合同　次の問いに答えましょう。

(1) 右の図で，四角形 ABCD ≡四角形 EFGH です。次の辺の長さや角の大きさを答えましょう。

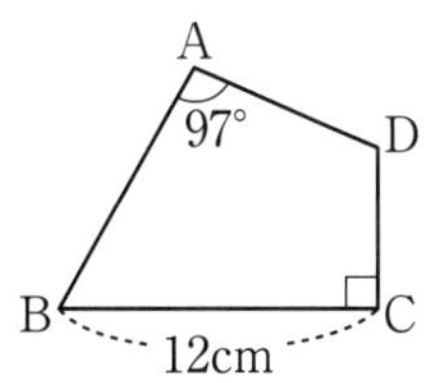

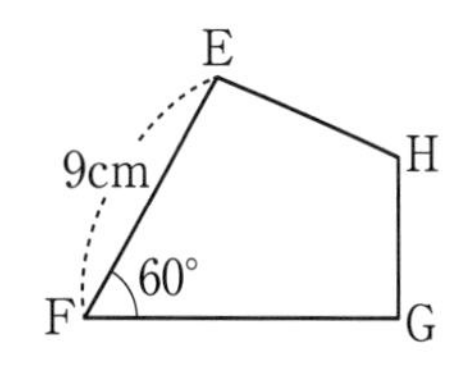

① 辺 AB　　② ∠B

(2) 次の図で，2 つの三角形がそれぞれ合同のとき，合同条件を答えましょう。

①

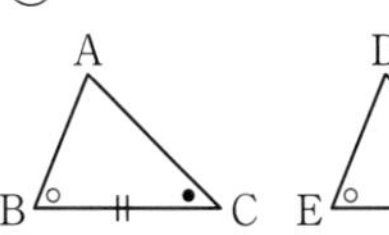

②

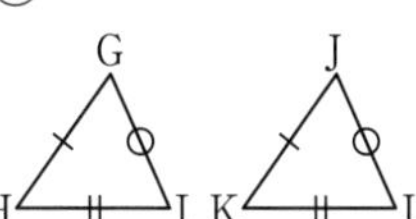

③

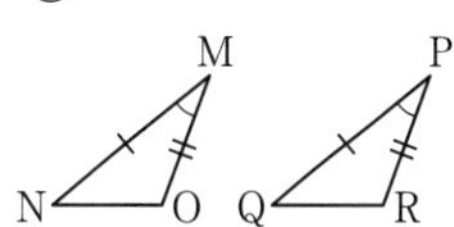

CHECK 2

2 証明の進め方　次の問いに答えましょう。

(1) 次のことがらについて，仮定と結論を答えましょう。

① △ABC ≡△DEF ならば，∠C＝∠F である。

② ある数が 6 の倍数ならば，その数は偶数（ぐうすう）である。

(2) 右の図で，∠ABC＝∠DBC，∠ACB＝∠DCB のとき，∠A＝∠D となることを，次のように証明しました。次の下線部にあてはまることばや記号を入れて，証明を完成させましょう。

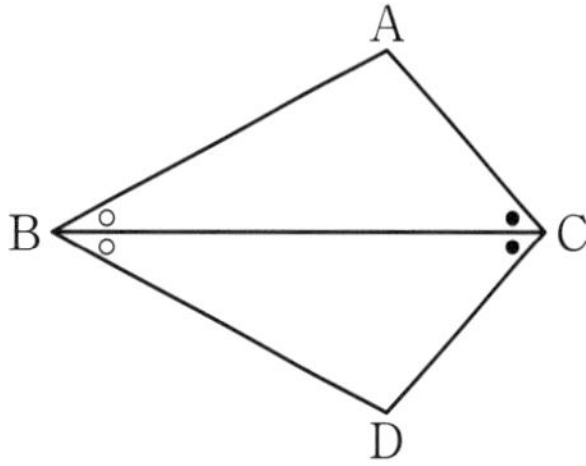

〔証明〕 △ABC と△DBC において，

仮定から，∠________＝∠DBC　……①

∠ACB＝∠________　……②

2 つの三角形に共通な辺だから，________＝________　……③

①，②，③より，________________________から，

△ABC ≡△DBC

合同な図形では対応する角の大きさは等しいから，

∠________＝∠________

練習問題

1 合同　右の図で，△ABC ≡△EFD のとき，辺の長さや角の大きさを答えましょう。

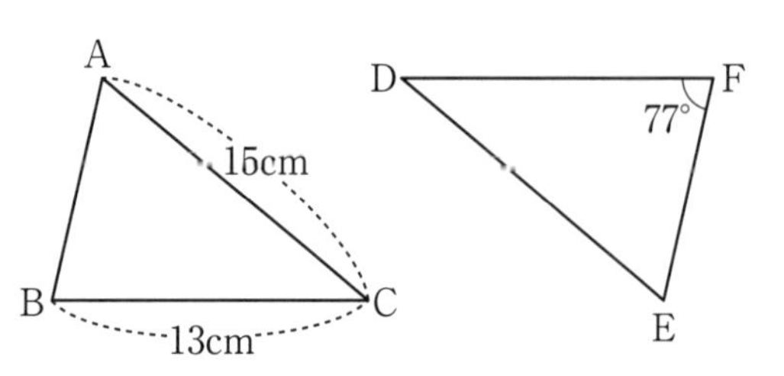

(1)　∠B

(2)　辺 ED

(3)　辺 FD

2 合同　下の図で，合同な三角形の組を選び，記号≡を使って表しましょう。また，そのときに使った合同条件も答えましょう。

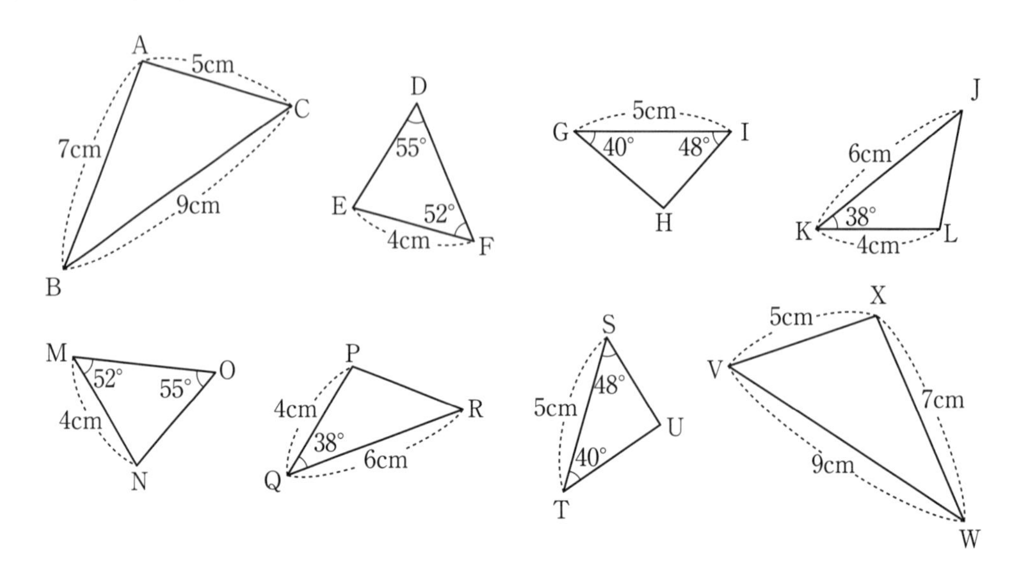

3 証明の進め方　次のことがらについて，仮定と結論を答えましょう。

(1)　△ABC において，AB＝AC ならば，∠B＝∠C である。

(2)　4 辺の長さが等しい四角形はひし形である。

ヒント **2** 図形を裏返してみると合同になっているときもあるので，気をつけて見つけよう！

4 証明の進め方　次の問いに答えましょう。

(1)　右の図1において，AE＝DE，BE＝CEならば，△ABE ≡△DCEであることを，次のように証明しました。次の下線部にあてはまることばや記号を入れて，証明を完成させましょう。

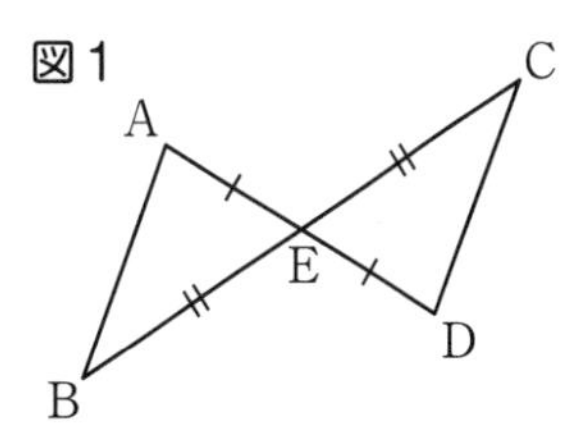

〔証明〕　△ABEと△DCEにおいて，

仮定から，AE＝＿＿＿＿　……①

BE＝＿＿＿＿　……②

＿＿＿＿は等しいから，∠AEB＝∠＿＿＿＿　……③

①，②，③より，＿＿＿＿＿＿＿＿＿＿から，

△ABE ≡△DCE

(2)　右の図2において，AB＝CD，AD＝CBならば，∠ADB＝∠CBDであることを，次のように証明しました。次の下線部にあてはまることばや記号を入れて，証明を完成させましょう。

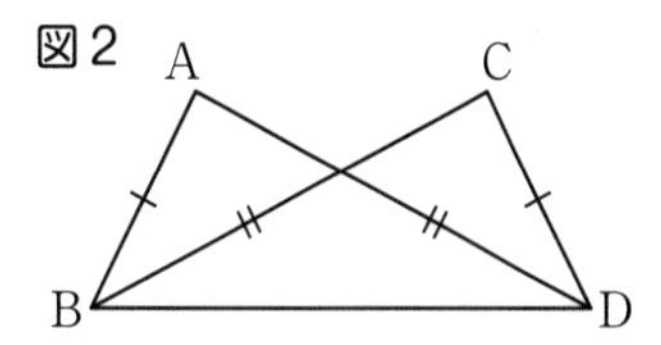

〔証明〕　△ABDと△CDBにおいて，

仮定から，＿＿＿＿＝CD　……①

＿＿＿＿＝CB　……②

2つの三角形に共通な辺だから，＿＿＿＿＝＿＿＿＿　……③

①，②，③より，＿＿＿＿＿＿＿＿＿＿から，

△ABD ≡△CDB

合同な図形では対応する角の大きさは等しいから，∠＿＿＿＿＝∠＿＿＿＿

5 STEP UP　右の図において，AB＝AC，AD＝AEのとき，BD＝CEであることを証明しましょう。

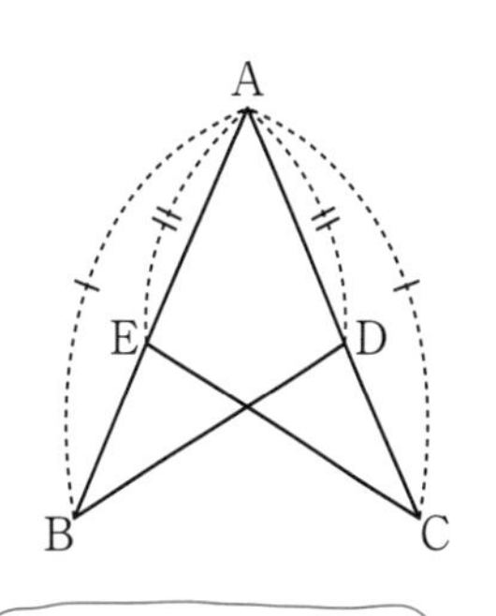

図にかきこんである，仮定の等しい辺の情報をもとに，目をつける三角形を見つけよう！

第4章 図形

7 三角形

特別な三角形の性質やことがらの逆について確かめよう

チェックしよう！

特別な三角形

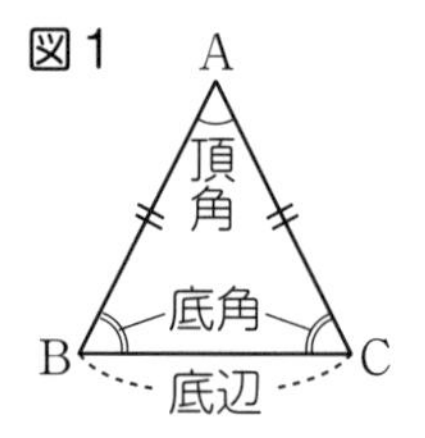

・二等辺三角形…2辺が等しい三角形。
二等辺三角形で，長さの等しい2辺にはさまれた角を頂角，頂角に対する辺を底辺，底辺の両端（りょうたん）の角を底角という。

定理①　二等辺三角形の底角は等しい。
図1で，AB＝AC ならば，∠B＝∠C

定理②　二等辺三角形の頂角の二等分線は，底辺を垂直に2等分する。
図2で，AB＝AC，∠BAD＝∠CAD ならば，AD⊥BC，BD＝CD

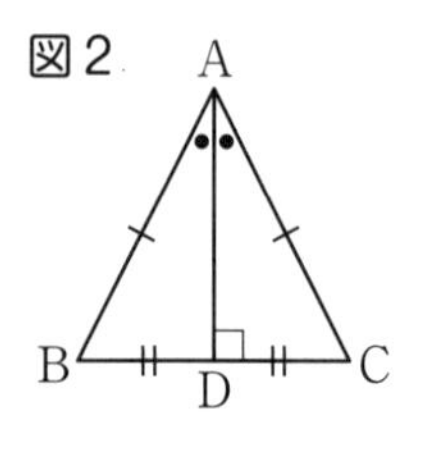

・正三角形…3辺がすべて等しい三角形。

定理　正三角形の3つの内角は等しい。
図3で，AB＝BC＝CA ならば，∠A＝∠B＝∠C(＝60°)

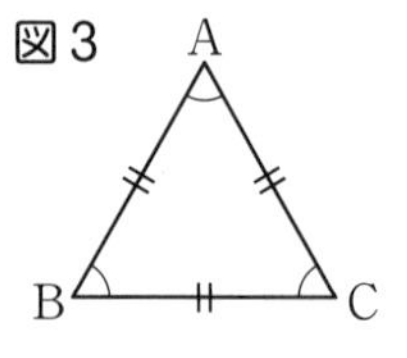

ことがらの逆

・ことがらの仮定と結論を入れかえたものを，そのことがらの逆という。
「(ア)ならば(イ)である」の逆は，「(イ)ならば(ア)である」
あることがらが正しくても，その逆が正しいとは限らない。

・二等辺三角形，正三角形について，次のことがいえる。

定理①　2つの角が等しい三角形は，それらの角を底角とする二等辺三角形である。
右の△ABC で，∠B＝∠C ならば，AB＝AC

定理②　3つの角が等しい三角形は，正三角形である。

直角三角形の合同条件

・直角三角形の直角に対する辺のことを，斜辺（しゃへん）という。

直角三角形の合同条件

①斜辺と1つの鋭角（えいかく）がそれぞれ等しい。
$c=c'$，∠B＝∠B′

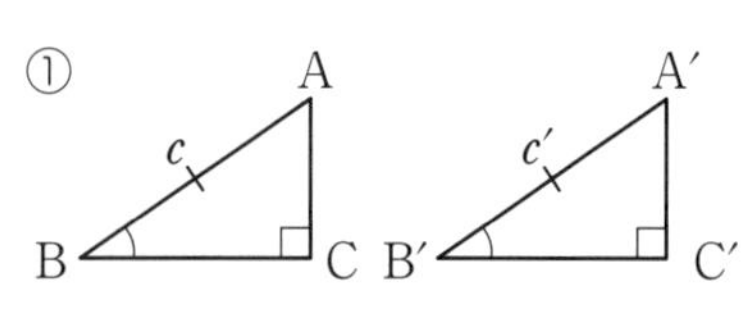

②斜辺と他の1辺がそれぞれ等しい。
$c=c'$，$a=a'$

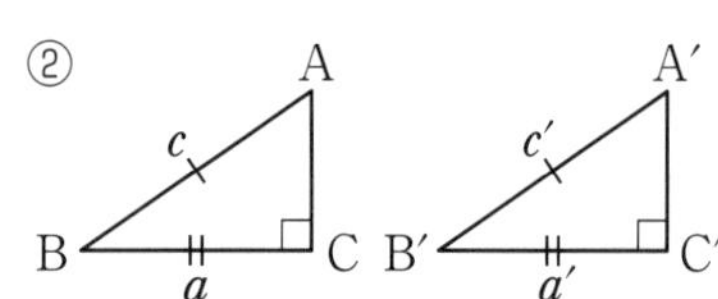

確認問題

CHECK 1

1 特別な三角形　次の二等辺三角形で，$\angle x$ の大きさをそれぞれ求めましょう。

(1)　106°　x

(2)　128°　x

(3)

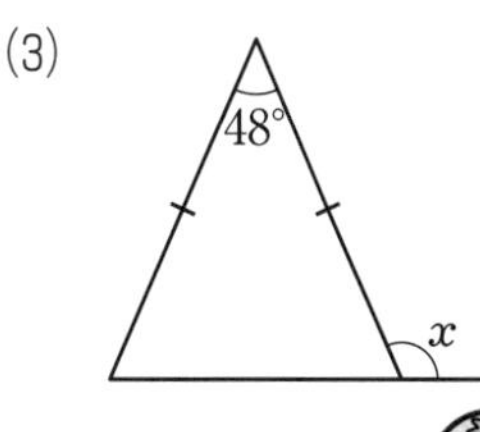

CHECK 1

2 特別な三角形　右の図の△ABC で，∠B＝∠C ならば，AB＝AC であることを，次のように証明しました。次の下線部にあてはまることばや記号を入れて，証明を完成させましょう。

A　B　C　D

〔証明〕　∠A の二等分線をひき，BC との交点を D とする。

△＿＿＿＿と△ACD において，

仮定から，∠＿＿＿＿＝∠C　…… ①

∠＿＿＿＿＝∠CAD　…… ②

三角形の内角の和は 180° だから，①，②より，残りの角も等しいので，

∠＿＿＿＿＝∠ADC　…… ③

また，共通な辺だから，＿＿＿＿＝＿＿＿＿　…… ④

②，③，④より，＿＿＿＿＿＿＿＿＿＿＿＿＿＿＿＿から，

△＿＿＿＿≡△ACD

合同な図形では対応する辺の長さは等しいから，AB＝AC

CHECK 2

3 ことがらの逆　次のことがらの逆を答えましょう。また，逆が正しいかどうかも答えましょう。

△ABC ≡△DEF ならば，AB＝DE である。

CHECK 3

4 直角三角形の合同条件　下の図で，合同な三角形の組を選び，記号≡を使って表しましょう。また，そのときに使った合同条件も答えましょう。

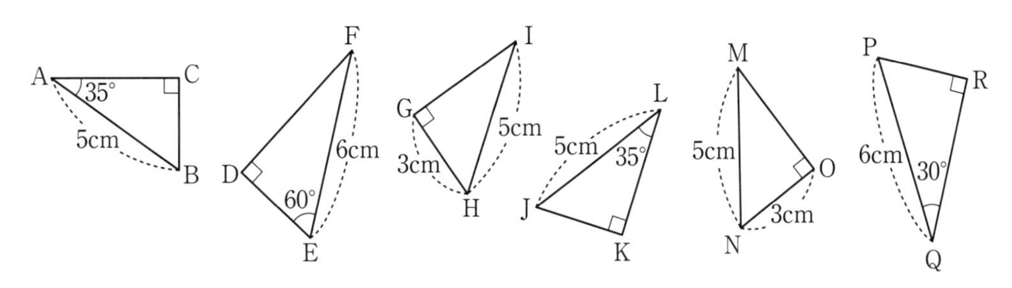

練習問題

1 特別な三角形の角　∠x の大きさをそれぞれ求めましょう。ただし，それぞれの問題で，同じ印のついた辺の長さは等しいものとします。

(1)

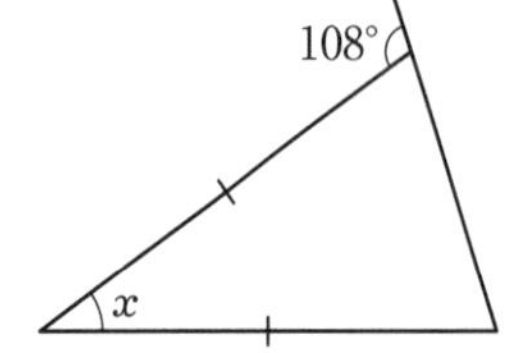

(2)

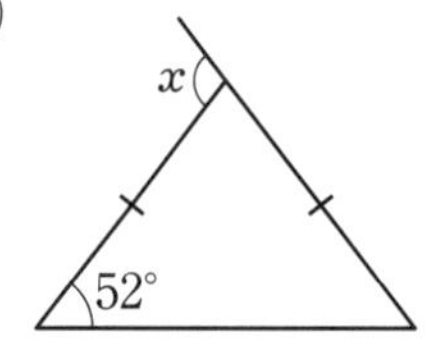

(3)

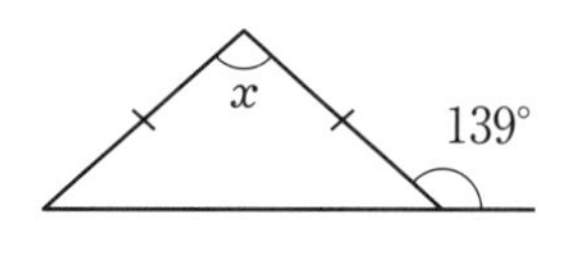

(4)

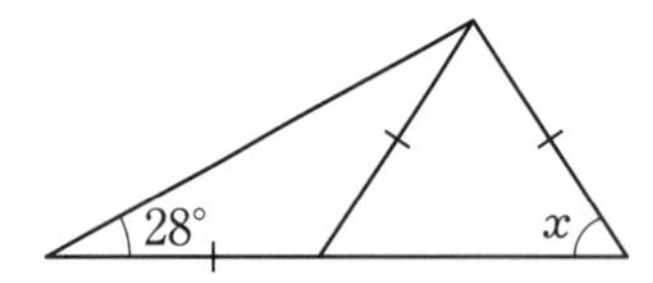

(5)

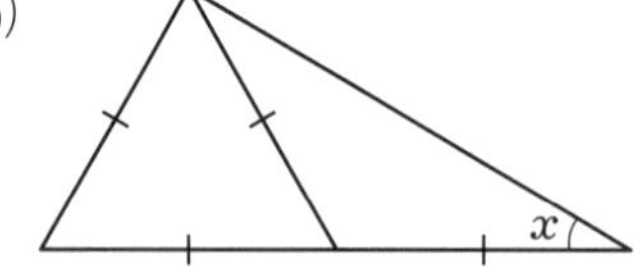

(6)

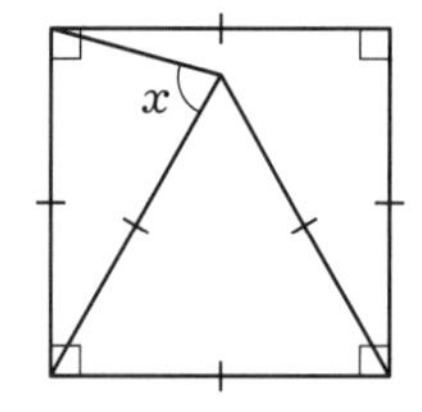

2 STEP UP　∠x の大きさをそれぞれ求めましょう。

(1)　AB＝BC，∠BAD=∠CAD　(2)　AB＝AC，DB=DC

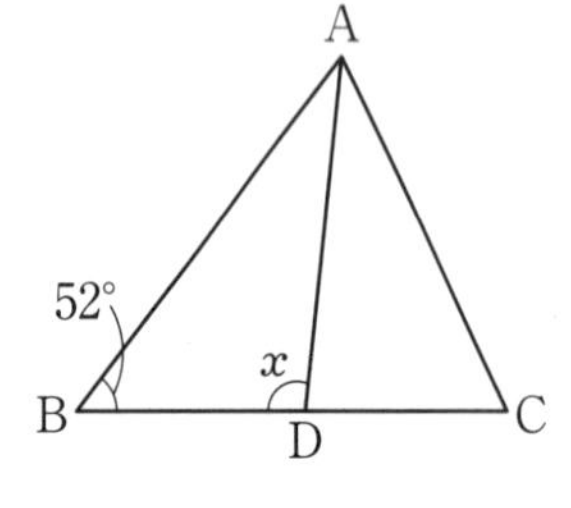

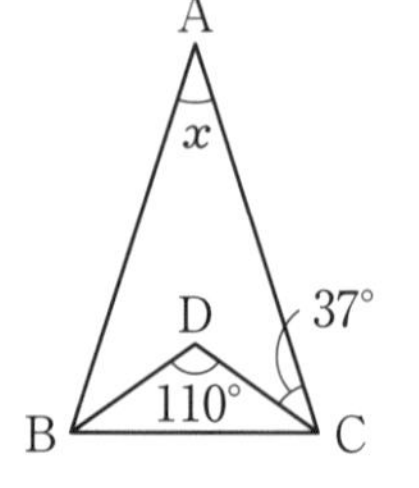

3 ことがらの逆　次のことがらの逆を答えましょう。また，逆が正しいかどうかも答えましょう。

(1)　正三角形の 3 つの角の大きさは等しい。

(2)　2 つの数 a，b について，$a>b$ ならば，$a^2>b^2$ である。

成り立たない例(反例)が
1 つでもあれば，そのこと
がらは正しくないよ。

ヒント **4** △ABD と△ACE に目をつけて考えてみよう！

4 **二等辺三角形になるための条件**　右の図のように，AB＝AC の二等辺三角形 ABC の∠A を 3 等分する直線が，底辺 BC と交わる点を D，E とすると，△ADE は二等辺三角形になります。このことを証明しましょう。

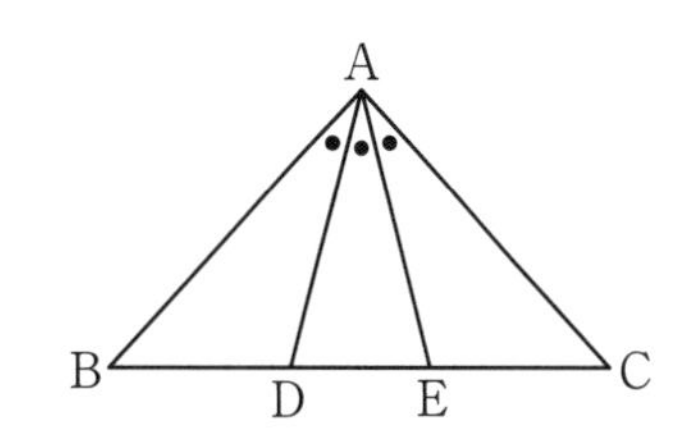

5 **直角三角形の合同の証明**　右の図のように，∠A＝90°である直角三角形 ABC の辺 BC 上に，BD＝AB となる点 D をとります。点 D を通り，辺 BC に垂直な直線が辺 AC と交わる点を E とすると，AE＝DE となることを，次のように証明しました。次の下線部にあてはまることばや記号を入れて，証明を完成させましょう。

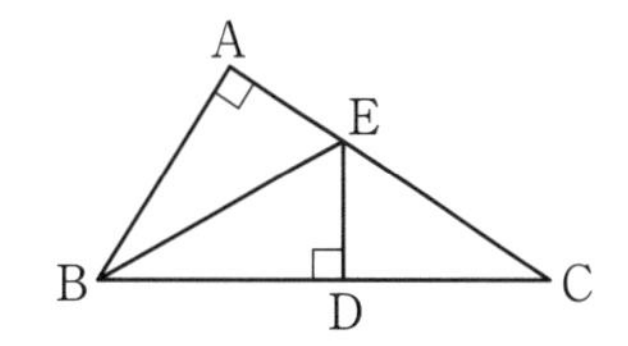

〔証明〕　△ABE と△DBE において，

仮定から，∠BAE＝∠＿＿＿＿＿＝90°　……　①

AB＝＿＿＿＿＿　……　②

また，共通な辺だから，＿＿＿＿＿＝＿＿＿＿＿　……　③

①，②，③より，直角三角形の＿＿＿＿＿＿＿＿＿＿＿＿＿＿＿から，

△ABE ≡△DBE

よって，AE＝DE

6 **直角三角形の合同の証明**　右の図のように，長方形 ABCD の対角線 BD 上に，点 A，C からひいた垂線をそれぞれ AE，CF とします。このとき，AE＝CF であることを証明しましょう。

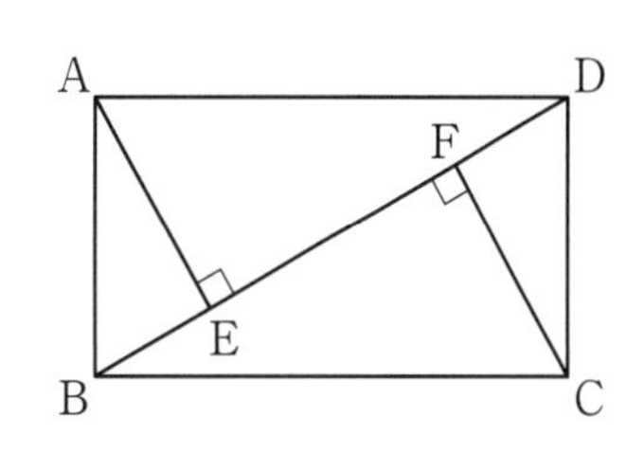

直角三角形の合同を使って証明するよ。
どの直角三角形に目をつければいいかな？

8 第4章 図形

四角形

平行四辺形，平行線と面積について確かめよう

チェックしよう！

CHECK 1 平行四辺形の性質

定義　２組の向かい合う辺が，それぞれ平行な四角形を平行四辺形という。

定理

①２組の向かい合う辺(対辺)はそれぞれ等しい。
②２組の向かい合う角(対角)はそれぞれ等しい。
③対角線はそれぞれの中点で交わる。

①
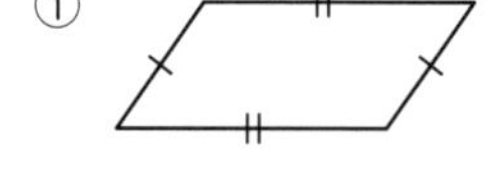

②
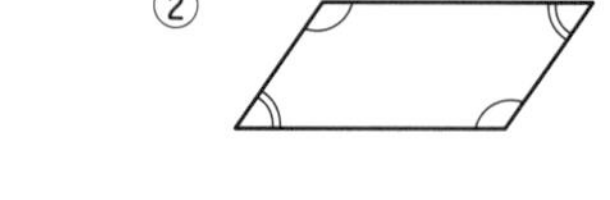

③
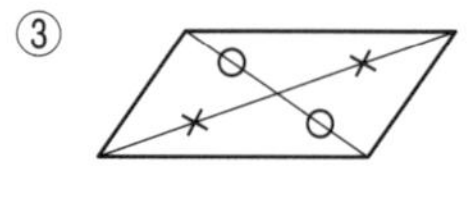

証明などによく使われる性質だから，しっかり覚えておこう！

CHECK 2 平行四辺形になるための条件

① 2組の対辺がそれぞれ平行である。(定義)
② 2組の対辺がそれぞれ等しい。
③ 2組の対角がそれぞれ等しい。
④対角線がそれぞれの中点で交わる。
⑤ 1組の対辺が平行でその長さが等しい。

①～④はわかりやすいけど，⑤は注意！

特別な平行四辺形

・４つの角が等しい四角形を長方形という。(定義)　→対角線の長さが等しい。
・４つの辺が等しい四角形をひし形という。(定義)　→対角線は垂直に交わる。
・４つの辺が等しく，4つの角が等しい四角形を正方形という。(定義)
　→対角線は，長さが等しく，垂直に交わる。

CHECK 3 平行線と面積

・右の図１について，次のことが成り立つ。

定理①　PQ∥AB ならば，△PAB＝△QAB

※△PAB と△QAB は，底辺が共通で，高さが等しい。

定理②　△PAB ＝△QAB ならば，PQ∥AB

・①を利用して，図２のように，面積を変えずに図形の形を変えることができる。

※ AC∥DE より，△ADC ＝△AEC
よって，四角形 ABCD ＝△ABE

図１

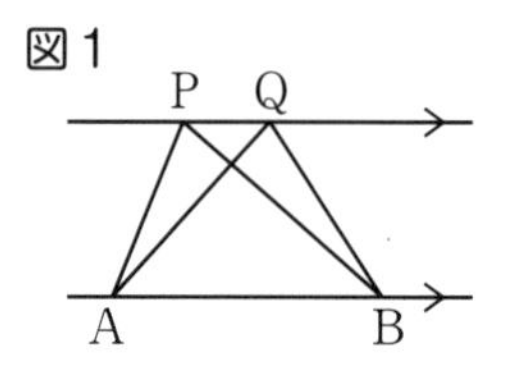

図２

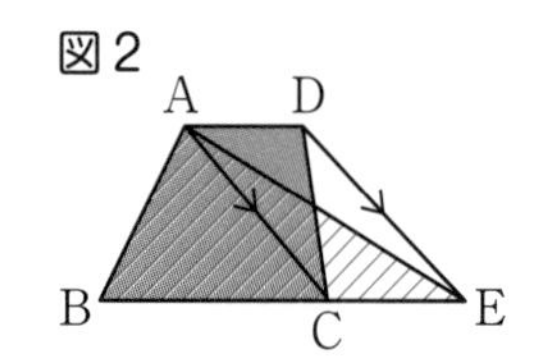

確認問題

CHECK 1

1 平行四辺形の性質　次の平行四辺形で，x の値をそれぞれ求めましょう。

(1)

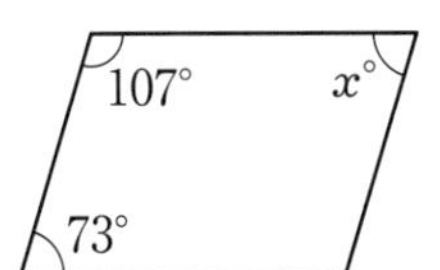

(2)

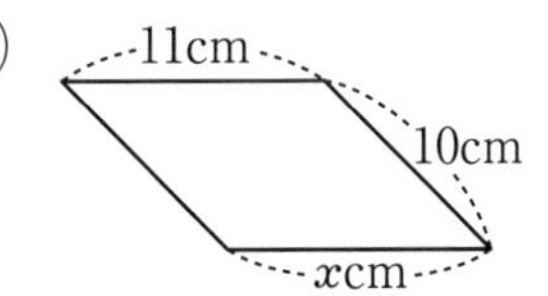

(3)

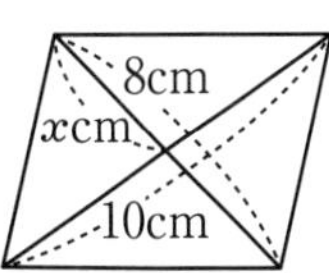

CHECK 2

2 平行四辺形になるための条件　次の問いに答えましょう。

(1) 右の図の四角形 ABCD が，平行四辺形であるといえるものを，次のア～エからすべて選びましょう。

ア　AB＝CD，AD＝BC　　イ　OA＝OC，AC＝BD

ウ　AB//DC，AD＝BC　　エ　AB//DC，AD//BC

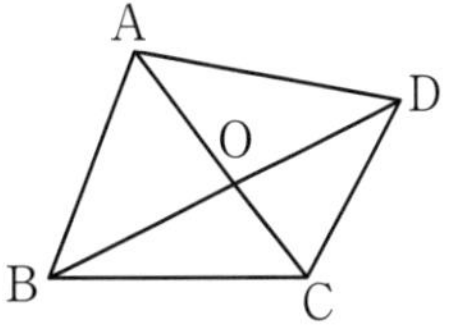

(2) 右の図の四角形 ABCD は平行四辺形です。さらに，次のことがわかっているとき，どのような四角形になるか答えましょう。

① AB＝AD　　② ∠BAD＝90°

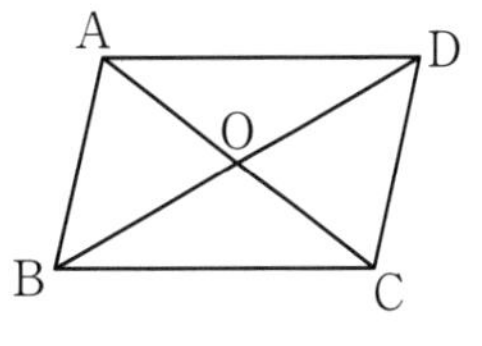

CHECK 3

3 平行線と面積　次の問いに答えましょう。

(1) 次の図で，かげをつけた三角形と面積が等しい三角形を答えましょう。

① AD//BC

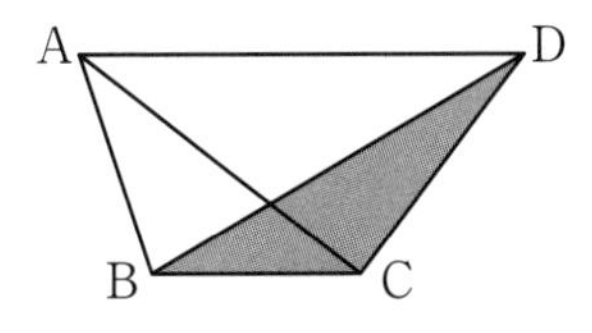

② AB//DE，AD//BC

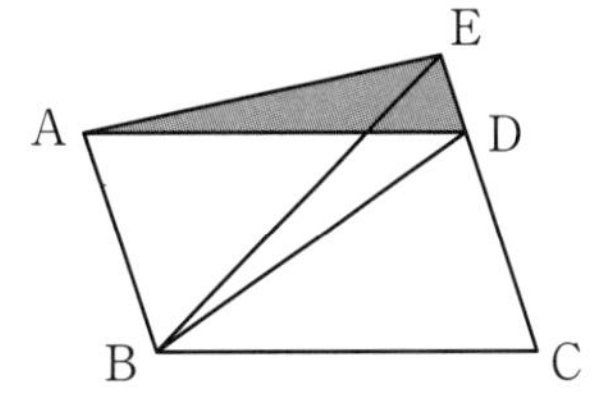

(2) 右の図の四角形 ABCD で，辺 BC を C の方に延長した直線上に点 E をとり，△ABE の面積が四角形 ABCD の面積と等しくなるようにします。点 E の位置を求めて，△ABE をかきましょう。

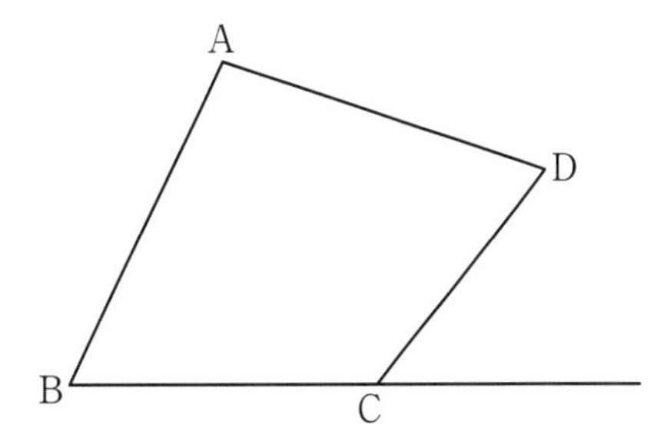

四角形 ABCD を AC で 2 つに分けて，△ACD ＝△ACE となるように点 E を決めよう。

練習問題

1 平行四辺形の性質　次の図で，x，y の値をそれぞれ求めましょう。

(1) ひし形

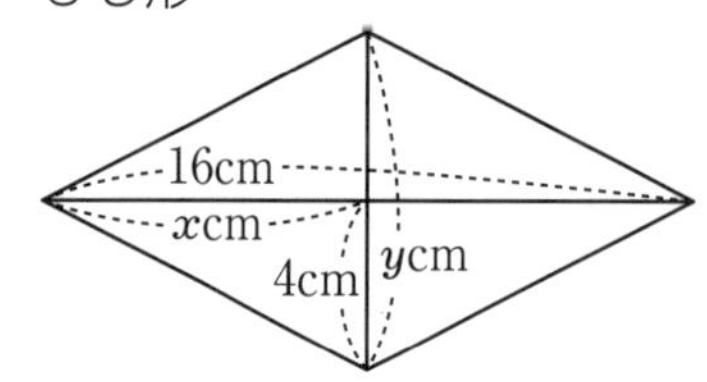

(2) 長方形

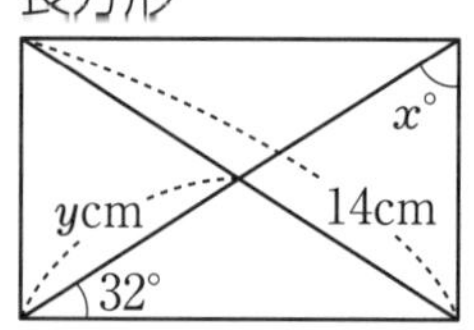

2 平行四辺形の性質　次の問いに答えましょう。

(1) 右の図1のように▱ABCDの辺CDの中点をEとし，線分AEの延長と辺BCの延長が交わる点をFとすると，AF=BFとなりました。∠F=54°のとき，$\angle x$ の大きさを求めましょう。

図1

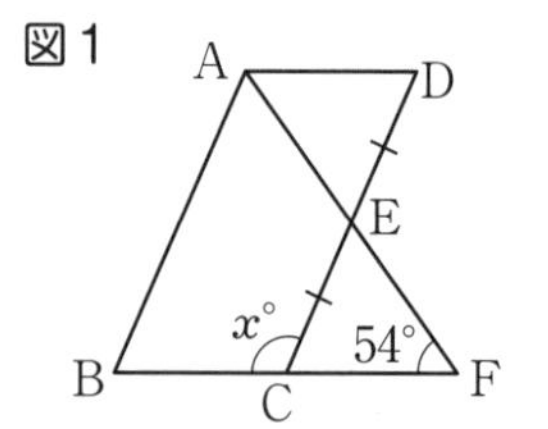

(2) 右の図2の▱ABCDは，AB=6cm，AD=9cmです。∠Aの二等分線が辺DCの延長と交わる点をEとするとき，x の値を求めましょう。

図2

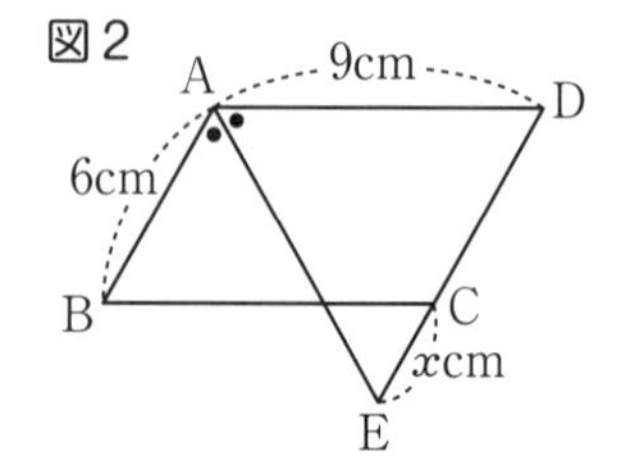

3 平行四辺形になるための条件　右の図の四角形ABCDが，平行四辺形であるといえるものを，次のア～エからすべて選びましょう。また，平行四辺形になるためのどの条件にあてはまるかも答えましょう。

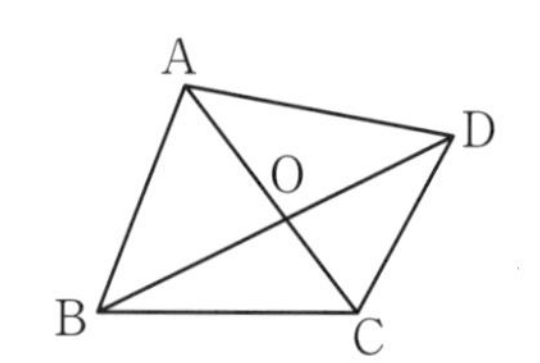

ア　AD//BC，AD=BC

イ　AB=AD，BC=DC

ウ　OA=OC，OB=OD

エ　∠BAD=∠BCD，∠ABC=∠ADC

ヒント **6** 平行な2直線に目をつけ，底辺と高さの等しい三角形を見つけよう！

4 **特別な平行四辺形**　右の図の▱ABCD において，次のことがわかっているとき，どのような四角形になるか答えましょう。

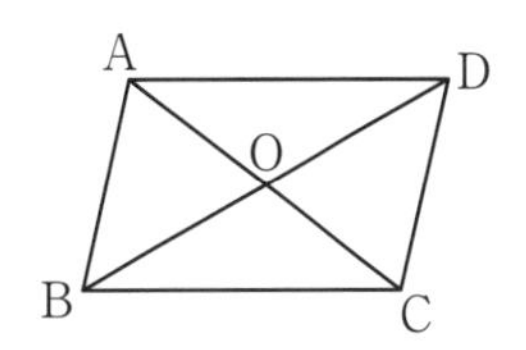

(1)　AC⊥BD

(2)　AC＝BD

(3)　OA＝OB，∠AOB＝90°

5 STEP UP　右の図 1 のように▱ABCD の対角線 AC 上に AE＝CF となる点 E，F をとるとき，四角形 EBFD が平行四辺形であることを，次のように証明しました。次の下線部にあてはまることばや記号を入れて，証明を完成させましょう。

図 1

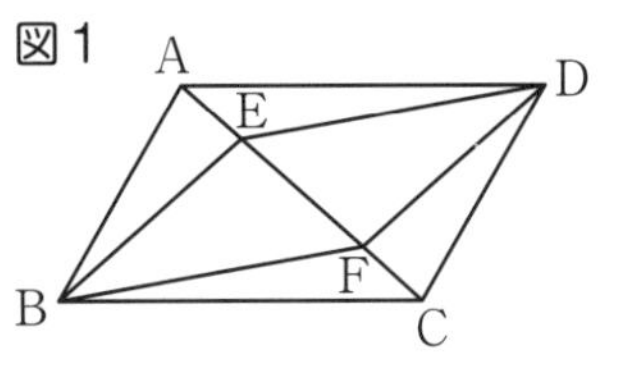

図 2

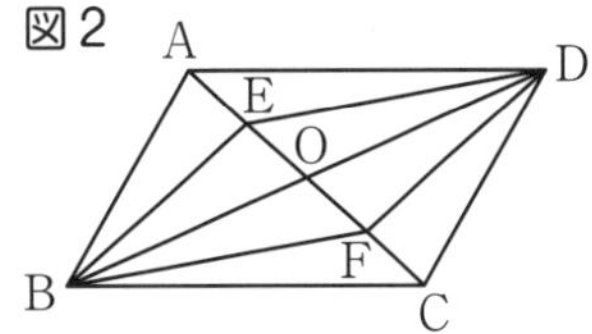

〔証明〕　図 2 のように，対角線 AC と BD の交点を O とする。

平行四辺形の対角線は，＿＿＿＿＿＿＿＿＿＿＿＿から，

OA＝＿＿＿＿＿　……　①

OB＝＿＿＿＿＿　……　②

仮定から，AE＝＿＿＿＿＿　……　③

①，③より，OE＝＿＿＿＿＿　……　④

②，④より，＿＿＿＿＿＿＿＿＿＿＿＿＿＿から，

四角形 EBFD は平行四辺形である。

対角線BDを補助線としてひき，対角線 AC との交点を O とするのがポイントだね！

ヒント **6** **平行線と面積**　次の図で，かげをつけた三角形と面積が等しい三角形をすべて答えましょう。

(1)　AB∥DC，AD∥BC，BD∥EF

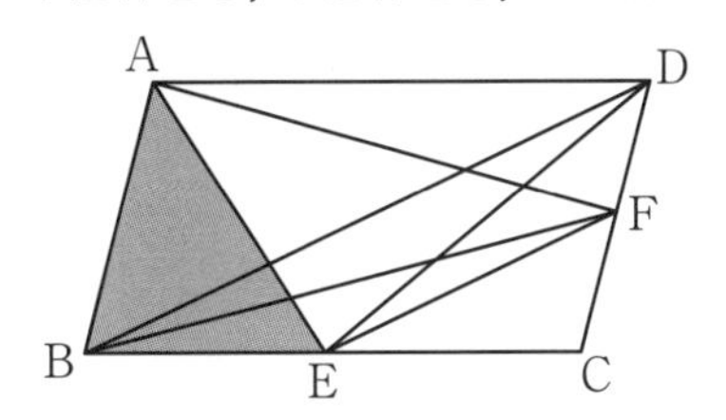

(2)　AB∥DC，AD∥BF

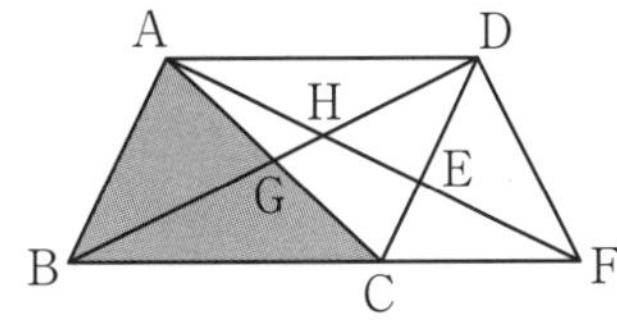

7 **面積が等しい三角形の作図**　右の図の五角形 ABCDE で，辺 CD を延長した直線上の，点 C より左に点 F，点 D より右に点 G をとり，△AFG の面積が五角形 ABCDE の面積と等しくなるようにします。点 F，G の位置を求めて，△AFG をかきましょう。

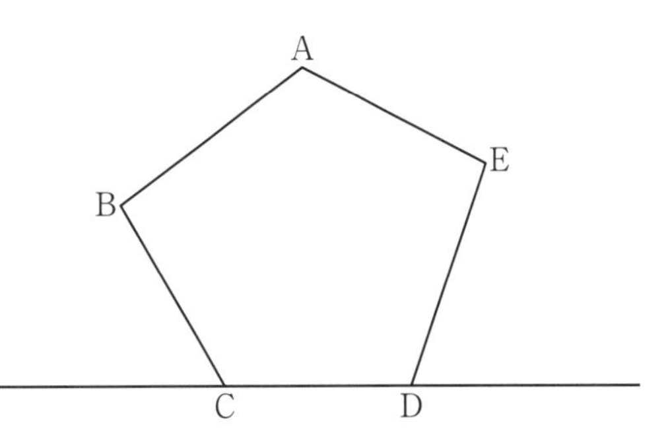

第5章 データの活用

データの整理とその活用

度数分布表，ヒストグラムと度数折れ線，累積度数について確かめよう

チェックしよう！

代表値と度数分布表

・データの散らばりのようすを分布といい，分布の特徴(とくちょう)を表す平均値，中央値，最頻値(さいひんち)などの数値を，データの代表値という。

・データの散らばりの程度は範囲(はんい)で表すことができる。

（範囲）＝（最大の値）－（最小の値）

・右のような表を度数分布表という。

階級………データを整理するための区間

階級の幅(はば)…区間の幅（a 以上 b 未満のとき，$b-a$）

階級値……階級のまん中の値

（a 以上 b 未満のとき，$(a+b)\div2$）

度数………各階級にふくまれるデータの個数

データがどれも同じような値だと，範囲は小さくなるよ！

度数分布表

通学時間（分）	度数（人）
以上 未満 5 ～ 10	5
10 ～ 15	10
15 ～ 20	8
20 ～ 25	4
25 ～ 30	3
計	30

ヒストグラムと度数折れ線

・度数分布表を柱状グラフで表したものをヒストグラムという。

・ヒストグラムの長方形の上辺の中点を結んだグラフを度数折れ線という。

・度数の合計が異なる2つ以上の分布のようすを比べるときは，相対度数を用いるとよい。

$$（相対度数）=\frac{（その階級の度数）}{（度数の合計）}$$

ヒストグラム

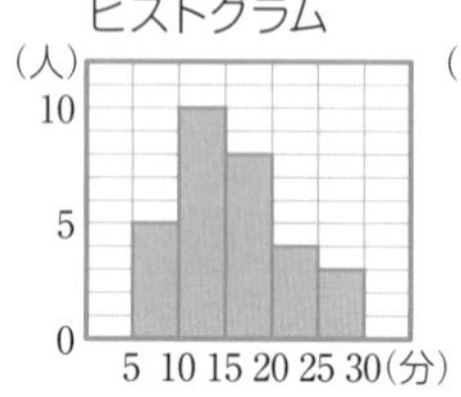

度数折れ線

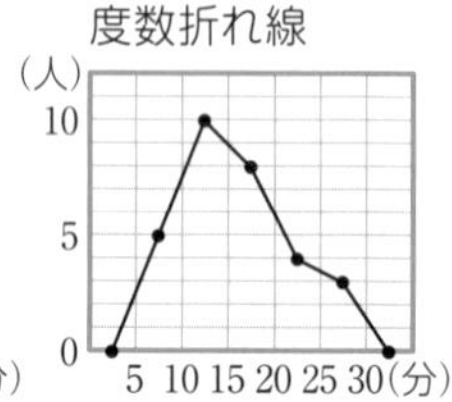

累積度数

・度数分布表において各階級以下または以上の度数をたし合わせたものを累積(るいせき)度数という。

・右のように累積度数を表にまとめたものを累積度数分布表という。

通学時間（分）	度数（人）	累積度数（人）
以上 未満 5～10	5	5
10～15	10	15
15～20	8	23
20～25	4	27
25～30	3	30
計	30	

・度数の合計に対する累積度数の割合を累積相対度数という。

確認問題

CHECK 1

1 代表値と度数分布表　次の問いに答えましょう。

(1) 右のデータは，あるクラスの生徒 18 人の数学の小テストの得点です。得点の平均値，中央値，最頻値，範囲をそれぞれ求めましょう。

9	6	8	5	3	4	7
2	4	6	5	7	10	6
7	6	5	8	(単位は点)		

(2) 右のデータは，あるクラスの男子生徒 18 人のハンドボール投げの記録です。次の問いに答えましょう。

28	30	31	24	26	29	33
38	42	21	18	23	22	25
27	29	36	34	(単位は m)		

① 記録 24m が入る階級の階級値を答えましょう。

② 右の度数分布表を完成させましょう。

階級(m)	度数(人)
以上 15 ～ 20 未満	
20 ～ 25	
25 ～ 30	
30 ～ 35	
35 ～ 40	
40 ～ 45	
計	18

CHECK 2

2 ヒストグラムと度数折れ線

右の度数分布表は，あるクラスの生徒 30 人の身長をまとめたものです。この表をもとに，ヒストグラムと度数折れ線をかきましょう。

階級(cm)	度数(人)
以上 140 ～ 145 未満	1
145 ～ 150	5
150 ～ 155	10
155 ～ 160	7
160 ～ 165	5
165 ～ 170	2
計	30

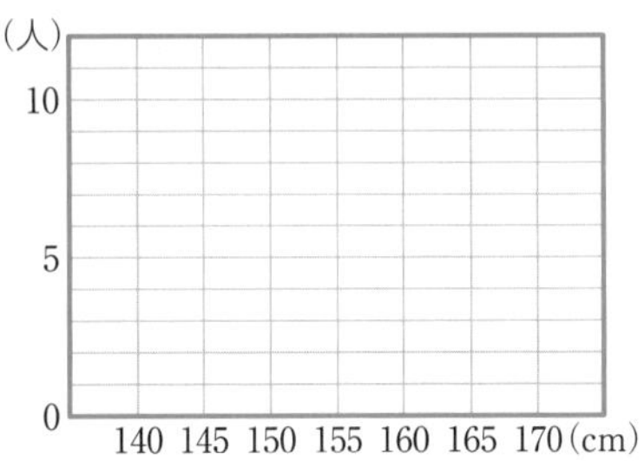

CHECK 3

3 累積度数

右の表は，あるテーマパークの人気アトラクションにおける直近 60日間の最長の待ち時間を度数分布表にまとめたものです。次の問いに答えましょう。

(1) 累積度数を調べ，累積度数分布表を完成させましょう。

階級(分)	度数(日)	累積度数(日)
以上 0 ～ 15 未満	7	
15 ～ 30	14	
30 ～ 45	25	
45 ～ 60	10	
60 ～	4	
計	60	

(2) 待ち時間が 45 分未満の日は何日ありましたか。

練習問題

1 代表値と範囲　右のデータは，あるクラスの生徒35人の通学時間です。通学時間の中央値，最頻値，範囲をそれぞれ求めましょう。

12	14	23	21	25	29	17	18	9	24
27	32	37	16	40	37	15	15	18	16
23	29	21	12	10	12	17	21	15	17
15	18	17	20	17					(単位は分)

2 代表値と度数分布表　右の度数分布表は，ある中学校の陸上部員25人の握力をまとめたものです。次の問いに答えましょう。

(1) 階級の幅を答えましょう。

(2) 記録35kgがふくまれるのは何kg以上何kg未満の階級か，答えましょう。

(3) 中央値がふくまれるのは何kg以上何kg未満の階級か，答えましょう。

階級(kg)	度数(人)
以上　未満 20 ～ 25	4
25 ～ 30	4
30 ～ 35	8
35 ～ 40	6
40 ～ 45	2
45 ～ 50	1
計	25

3 STEP UP 右の度数分布表は，あるクラスの生徒35人について，2学期に読んだ本の冊数を調べて，まとめたものです。読んだ冊数が10冊未満の生徒は5人でした。次の問いに答えましょう。

(1) 階級の幅を答えましょう。

(2) ア，イにあてはまる数を求めましょう。

階級(冊)	度数(人)
以上　未満 0 ～ 5	2
5 ～ 10	ア
10 ～ 15	イ
15 ～ 20	7
20 ～ 25	6
25 ～ 30	4
計	35

ヒント **6** (1) 累積相対度数は，(その階級の累積度数)÷(度数)で求められるね！

4 ヒストグラム　右のヒストグラムは，ある女子生徒50人の50m走の記録をまとめたものです。次の問いに答えましょう。

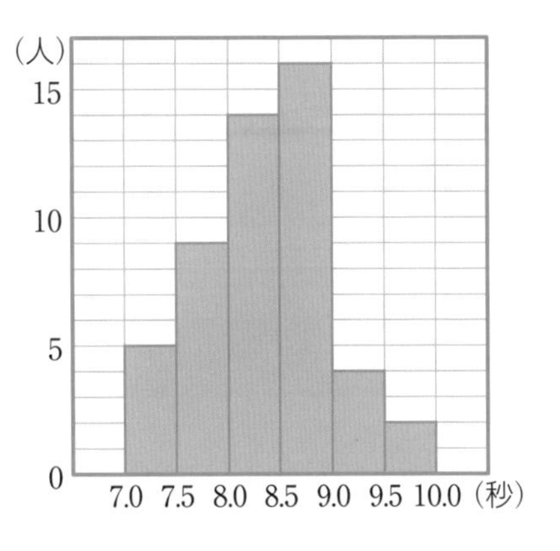

(1) 8.5秒以上9.0秒未満の階級の度数を答えましょう。

(2) 記録が8.5秒未満の生徒の人数を求めましょう。

(3) 中央値がふくまれるのは何秒以上何秒未満の階級か，答えましょう。

5 STEP UP　ある中学校の1年生に対し，休日のテレビの視聴（しちょう）時間を調べました。右の図は，その結果を1年1組と1年生全体で分けて相対度数の折れ線で表したものです。次の問いに答えましょう。

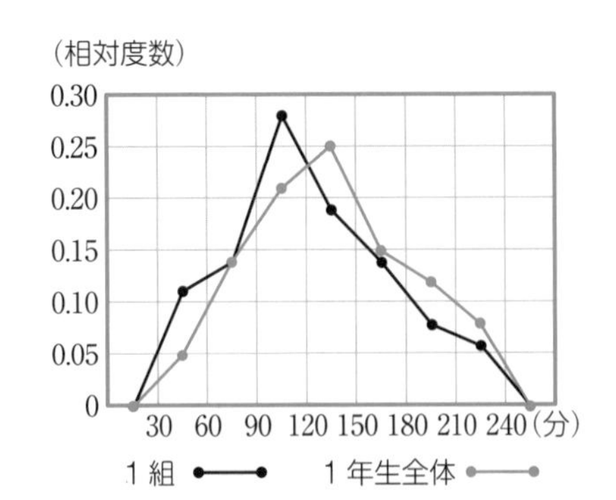

(1) 1年生全体で見たとき，相対度数がもっとも大きいのは何分以上何分未満の階級ですか。

(2) 150分以上180分未満と答えた生徒の割合が多いのは1組と1年生全体のどちらですか。

6 累積相対度数分布表　右の表は，ある水族館の直近50日間における最長の入場待ち時間を累積（るいせき）相対度数分布表にまとめたものです。

階級(分)	度数(日)	累積度数(日)	累積相対度数
以上 未満 0 ～ 15	5		
15 ～ 30	9		
30 ～ 45	14		
45 ～ 60	10		
60 ～ 75	8		
75 ～ 90	4	50	1.00
計	50		

ヒント (1) 累積度数と累積相対度数を調べ，累積度数分布表を完成させましょう。

(2) 待ち時間が30分未満の日は何日ありましたか。

(3) 待ち時間が45分未満の日は全体の何%あったか，求めましょう。

累積相対度数は，小さい階級からある階級までの相対度数の和だね！

第５章 データの活用

2 データの散らばり

四分位数と四分位範囲，箱ひげ図について確かめよう

チェックしよう！

CHECK 1 四分位数と四分位範囲

・データを値の大きさの順に並べて，個数で４等分する。４等分した位置にくる値を四分位数という。
小さい方から順に
第1四分位数，
第2四分位数(中央値)，
第3四分位数
という。

小さい側半分での中央値
第１四分位数
全体での中央値
第２四分位数
大きい側半分での中央値
第３四分位数
最小
最大
同じ個数　同じ個数
小さい側半分
同じ個数　同じ個数
大きい側半分

・第1，第3四分位数の求め方
①大きさの順に並べ，等しく2つのグループに分ける。データが奇数個のときは，中央値を除いて分ける。

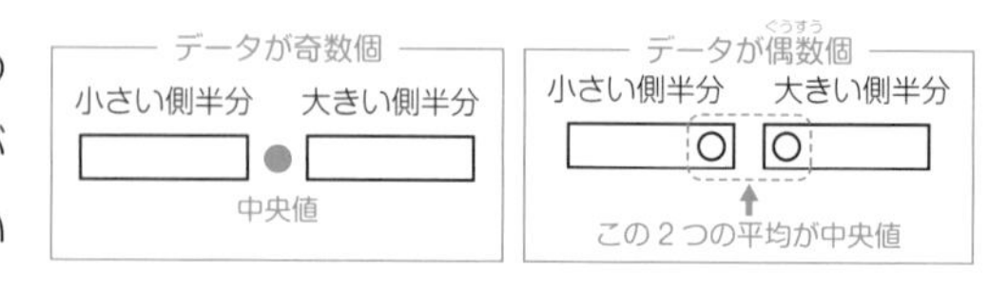

②分けた2つのグループごとに中央値を調べる。
第１四分位数…小さい方のグループの中央値
第３四分位数…大きい方のグループの中央値

・第３四分位数から第１四分数をひいた差を四分位範囲という。
(四分位範囲)＝(第３四分位数)－(第１四分位数)

四分位範囲が大きいほど，データの中央値のまわりの散らばりの程度が大きいといえるよ！

CHECK 2 箱ひげ図とその利用

四分位数を用いて，データの散らばりのようすを表した図を箱ひげ図という。
箱……四分位範囲のふくまれるデータの部分。
ひげ…四分位範囲外のデータの部分。

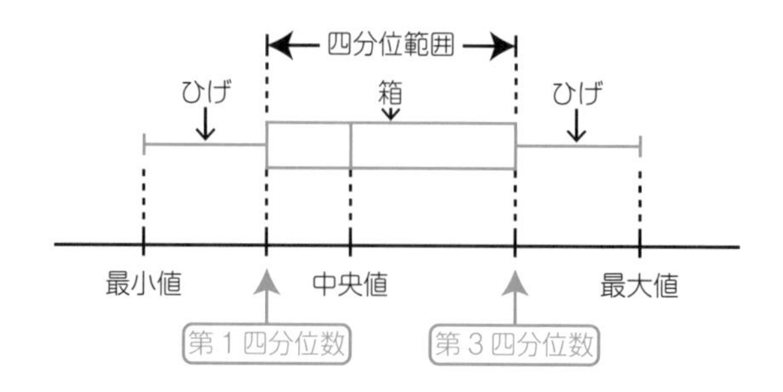

箱の部分を見ると，中央値のまわりの散らばり方がよくわかるね。

確認問題

CHECK 1

1 四分位数と四分位範囲　次の問いに答えましょう。

(1)　次のデータについて，下の問いに答えましょう。

3　4　6　7　7　9　11　12　14　19　20

①　中央値を求めましょう。

②　第１四分位数と第３四分位数を求めましょう。

(2)　次のデータについて，下の問いに答えましょう。

5　9　5　4　1　10　8　2　3　8　7　6

①　データを小さい順に並べましょう。

②　四分位数を求めましょう。

③　四分位範囲を求めましょう。

CHECK 2

2 箱ひげ図とその利用　次の問いに答えましょう。

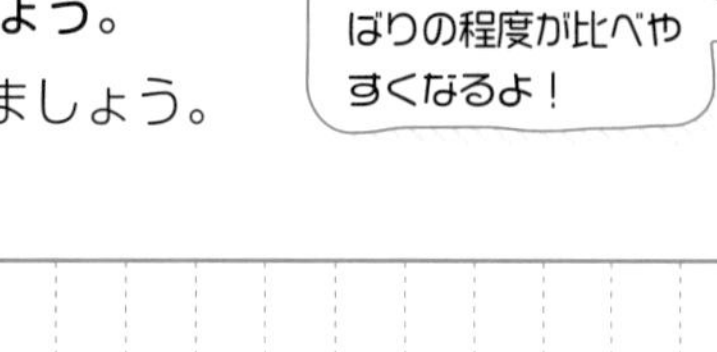

(1)　次のデータについて，下の問いに答えましょう。

2　3　5　5　5　7　8　8　10

①　四分位数を求めましょう。

②　このデータの箱ひげ図を，
右の図にかき入れましょう。

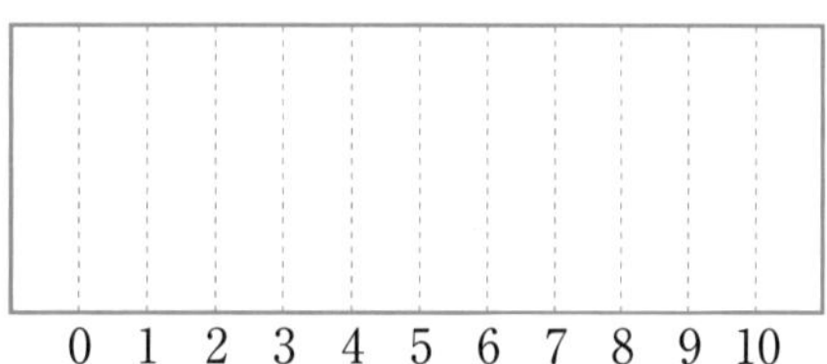

(2)　次の箱ひげ図は，あるクラスで 10 点満点の英単語テストを行った結果を表したものです。

①　四分位数を求めましょう。

②　四分位範囲を求めましょう。

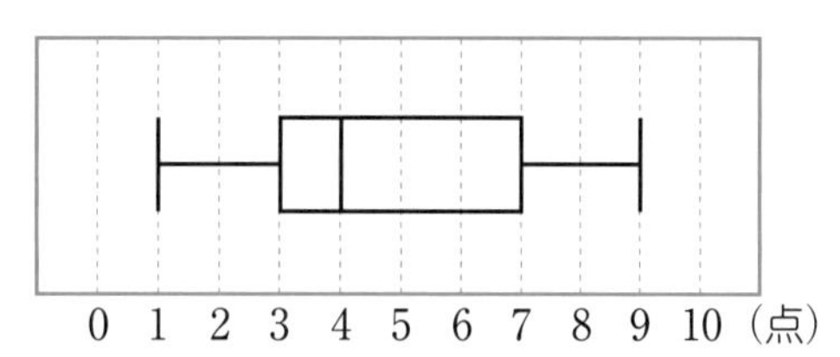

練習問題

1 四分位数と四分位範囲(はんい)　ある中学校の2年生21人のハンドボール投げの記録は次のようになりました。

17　20　27　14　14　13　22　19　20　21　12
13　24　16　18　25　25　14　30　26　23　　(m)

(1) 四分位数を求めましょう。

(2) 四分位範囲を求めましょう。

2 四分位数と四分位範囲　ある中学2年生のクラスを，2グループに分けて10点満点の漢字のテストを行ったところ，次のような結果になりました。

グループA：　5　10　7　2　8　1　3　4　9　9　5　6
グループB：　8　4　9　5　2　7　8　4　6　3　　(点)

(1) グループAとグループBの四分位範囲を求めましょう。

(2) 中央値まわりの散らばりが大きいのはどちらのグループですか。

3 STEP UP　ある交差点における車の交通量(通過した車の台数)を30日間調べ，度数分布表にまとめました。

階級(台)	度数(日)
以上　未満	
20 ～ 30	2
30 ～ 40	6
40 ～ 50	8
50 ～ 60	9
60 ～ 70	4
70 ～ 80	1
計	30

(1) 交通量の中央値がふくまれている階級を答えましょう。

(2) 交通量の第1四分位数と第3位四分位数がふくまれている階級をそれぞれ答えましょう。

表から，交通量が20台以上30台未満だった日が2日あったと読み取れるね！

ヒント　**4** (1)　A地点，B地点それぞれの，最小値，最大値，四分位数を求めよう！

4 **箱ひげ図とその利用**　次のデータはＡ地点とＢ地点のある時間帯における歩行者の人数を10日間調べた結果です。

Ａ地点：　10　12　15　23　28　32　36　40　48　55
Ｂ地点：　15　21　25　31　37　43　44　45　49　55

(1)　Ａ地点とＢ地点の箱ひげ図を，右の図に並べてかき入れましょう。

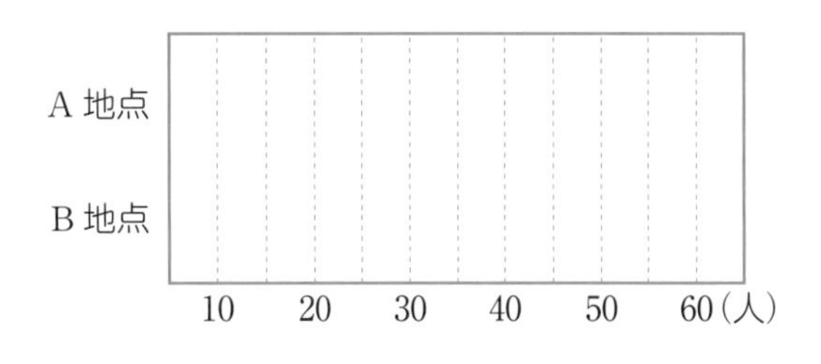

(2)　データの散らばりの程度が大きいのはＡ地点とＢ地点のどちらであると考えられますか。

5 **箱ひげ図とその利用**　右の図は，ある飲食店でランチタイムに各メニュー（日替わり定食，ふんわりオムライス，スパイシーカレー，こってりラーメン）の注文回数について，31日間調べたデータの箱ひげ図です。次の問いにあてはまるメニューをすべて答えましょう。

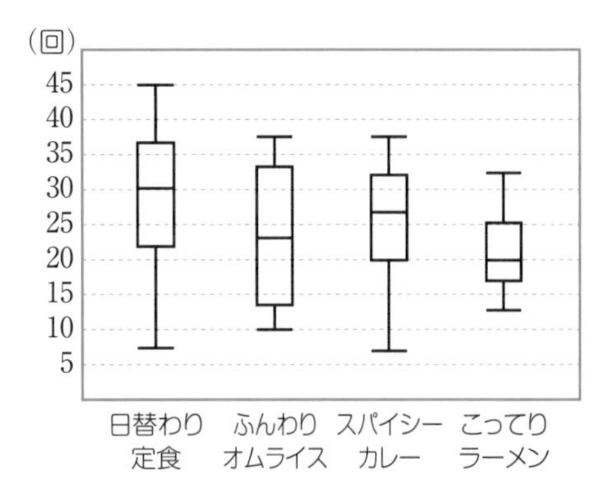

(1)　範囲がもっとも小さいメニュー

(2)　四分位範囲がもっとも大きいメニュー

(3)　1日の注文回数が30回を超えた日が16日以上あったメニュー

(4)　1日の注文回数が15回未満の日が8日以上あったメニュー

6 **STEP UP**　右のヒストグラムは，Ａ市について，ある月の30日間の日ごとの最高気温のデータをまとめたものです。下の①～④がＡ市をふくむ4つの市に対応する箱ひげ図であるとき，Ａ市のものはどれでしょうか。

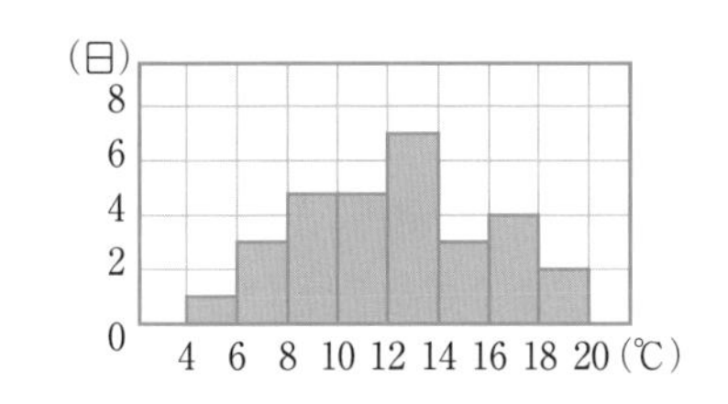

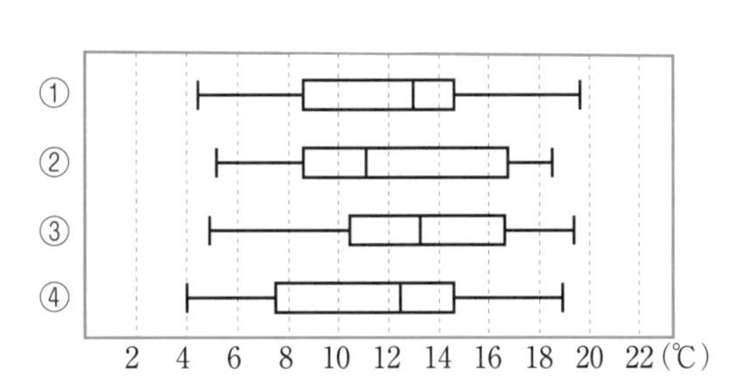

第５章 データの活用

確率

ことがらの起こりやすさについて確かめよう

チェックしよう！

相対度数と確率

・あることがらの起こりやすさの程度を表す数を確率という。

（確率）＝（データの個数が多いときの相対度数）

確率の求め方と樹形図

・起こりうるすべての場合が n 通りあり，どの場合が起こることも同様に確からしいとする。そのうち，ことがらＡの起こる場合が a 通りであるとき，

ことがらＡの起こる確率は，$p=\dfrac{a}{n}$

・場合の数をもれなく，重複なく数えあげるには，表や樹形図を用いる。

㊎ Ａ，Ｂ，Ｃの３人を１列に並べる並べ方の樹形図

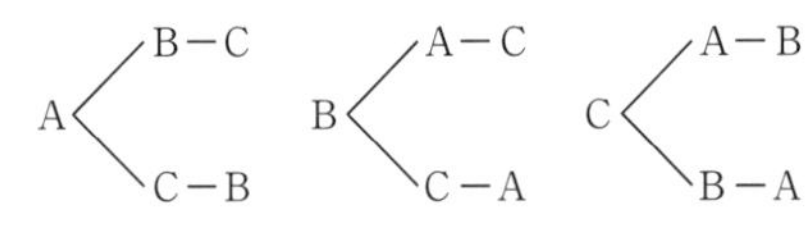

いろいろな確率

・大小２個のさいころを同時に投げるときの出る目の数に関する問題では，右のような表を利用する。

大＼小	1	2	3	4	5	6
1	2	3	4	5	6	7
2	3	4	5	6	7	8
3	4	5	6	7	8	9
4	5	6	7	8	9	10
5	6	7	8	9	10	11
6	7	8	9	10	11	12

㊎ 出る目の数の和が 10 以上になる確率

すべての目の出方…6×6＝36（通り）

出る目の数の和が 10 以上になる場合…6 通り

よって，求める確率は，$\dfrac{6}{36}=\dfrac{1}{6}$

・ことがらＡについて，Ａの起こらない確率は，次のように求める。

（Ａの起こらない確率）＝1－（Ａの起こる確率）

「～でない」，「少なくとも～である」といった確率だね！

・青玉３個，白玉２個が入った袋（ふくろ）から，同時に２個の玉を取り出すとき，青玉と白玉が１個ずつになる確率は，次のように求める。

青玉を１～３，白玉を①，②として樹形図をかくと，右のようになる。図より，すべての玉の選び方は 10 通り。

青玉と白玉が１個ずつになるのは，6 通り。

よって，求める確率は，$\dfrac{6}{10}=\dfrac{3}{5}$

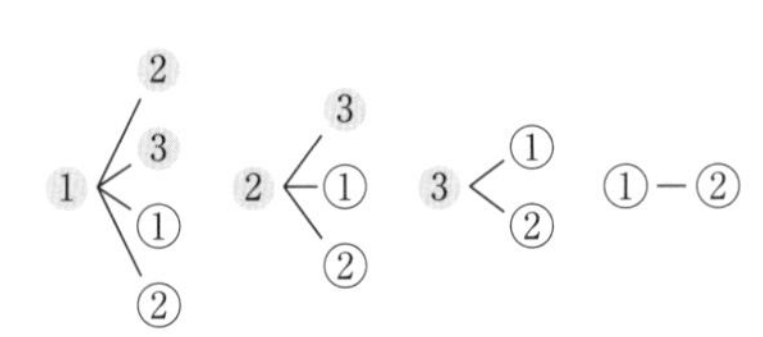

確認問題

1 相対度数と確率　右の表は1個のさいころを投げたときに1の目が出た回数をまとめたものです。値は電卓(でんたく)を用いて，小数第3位を四捨五入して答えましょう。

投げた回数	100	300	600	100	2000
1の目が出た回数	20	52	96	167	333

(1)　さいころを300回投げた場合において，1の目が出た回数の相対度数を調べましょう。

(2)　表からさいころ1個を投げる場合において，1の目が出る確率はいくらであると考えられますか。

CHECK 2

2 確率の求め方と樹形図　1枚のコインを続けて2回投げるとき，その表と裏の出方について，コインの表が出ることを○，裏が出ることを×として，表と裏の出方を樹形図に表します。右の図の(　　)にあてはまる記号をかきましょう。また，1枚のコインを続けて2回投げるとき，表と裏が1回ずつ出る確率を求めましょう。

1回目　2回目　　1回目　2回目

○ ＜ ○ / (　　)　　× ＜ (　　) / (　　)

3 いろいろな確率　次の問いに答えましょう。

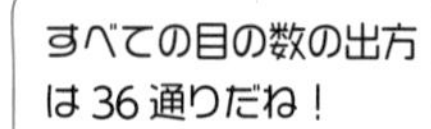

(1)　大小2個のさいころを同時に投げるとき，出る目の数について，次の問いに答えましょう。

①　出る目の数の和が5以下になる確率を求めましょう。

②　少なくとも一方の目の数が奇数(きすう)である確率を求めましょう。

(2)　赤玉2個，白玉3個が入った袋から，同時に2個の玉を取り出すことについて，次の問いに答えましょう。

①　右の図は，赤玉を[1]，[2]，白玉を①，②，③として，玉の取り出し方を表そうとしたものです。図の続きをかいて，樹形図を完成させましょう。

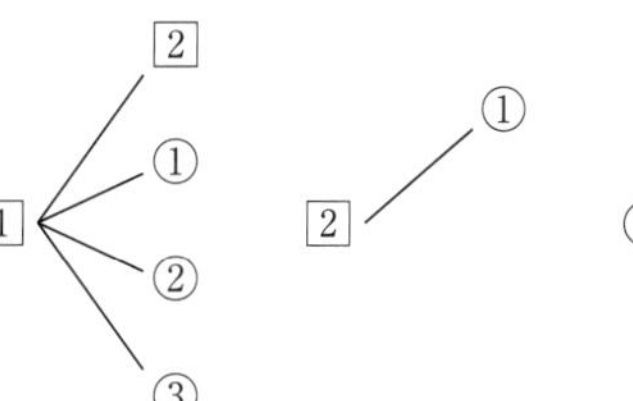

②　少なくとも1個は赤玉である確率を求めましょう。

練習問題

1 確率　ある遊園地の迷路(めいろ)は，右の図のように，左右に道が続いているつき当りがあります。下の表は，迷路の挑戦(ちょうせん)者のうち，このつき当たりで右の道を選んだ人数を表したものです。

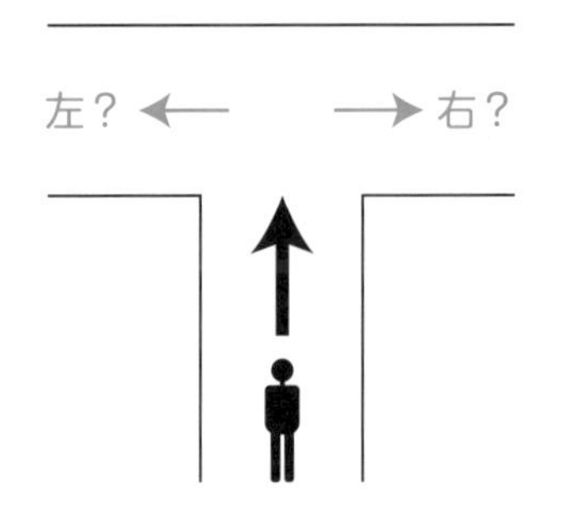

挑戦者数	100	300	600	1000
右を選んだ人数	56	174	353	593

(1) 挑戦者が 100 人のときと 300 人のときにおいて，右の道を選んだ人の割合を求めましょう。

ヒント (2) このつき当たりにおいて，右を選ぶ人の確率はいくらに近づくと考えられますか。割合の小数第 3 位を四捨五入して答えましょう。

2 確率　次の確率を求めましょう。

(1) 3 枚のコインを同時に投げるとき，1 枚が表で，2 枚が裏になる確率

(2) [1]，[2]，[3]のカードが 1 枚ずつあります。これら 3 枚のカードを並べてできる 3 けたの整数について，できた 3 けたの整数が奇数(きすう)である確率

3 2 けたの整数　[2]，[3]，[4]，[5]，[6]のカードが 2 枚ずつあります。この中から 2 枚のカードを続けて取り出し，1 枚目に取り出したカードの数を十の位，2 枚目に取り出したカードの数を一の位として 2 けたの整数をつくるとき，次の問いに答えましょう。

(1) 右の表は，できる 2 けたの整数をまとめようとしたものです。表の空らんにあてはまる数をかいて，表を完成させましょう。

十の位＼一の位	2	3	4	5	6
2	22	23			
3					
4					
5					
6					

(2) できる整数が奇数になる確率を求めましょう。

(3) できる整数が 4 の倍数である確率を求めましょう。

ヒント **1** (2) 600 人のとき，1000 人のときの（相対度数）=（その階級の度数）÷（度数の合計）をそれぞれ計算してみよう！

4 2個のさいころ　大小2個のさいころを同時に投げるとき，次の確率を求めましょう。

(1)　出る目の数の積が12以上になる確率

(2)　大きいさいころの目の数が小さいさいころの目の数より大きくなる確率

(3)　出る目の数の和が素数になる確率

(4)　少なくとも一方の目の数が6の約数である確率

(5)　少なくとも一方の目の数が4以上になる確率

5 くじ引き　2本の当たりくじが入った6本のくじがあります。先にAが1本ひき，続いてBが1本ひくとき，次の問いに答えましょう。

(1)　当たりくじを①，②，はずれくじを1，2，3，4として，2人のくじのひき方を樹形図に表しましょう。

(2)　Bが当たる確率を求めましょう。

(3)　少なくとも1人は当たる確率を求めましょう。

6 STEP UP　赤玉2個，青玉2個，白玉3個が入った袋(ふくろ)から，同時に2個の玉を取り出すことについて，次の問いに答えましょう。

(1)　赤玉を1，2，青玉を，△1，△2，白玉を①，②，③として，玉の取り出し方を樹形図に表しましょう。

(2)　赤玉と青玉を1個ずつ取り出す確率を求めましょう。

(3)　2種類の色の玉を取り出す確率を求めましょう。

初版
第１刷　2021年12月１日　発行

●編 者
数研出版編集部
●カバー・表紙デザイン
株式会社クラップス

発行者　星野 泰也

ISBN978-4-410-15548-2

とにかく基礎 中1・2の総まとめ　数学

発行所　数研出版株式会社

〒101-0052 東京都千代田区神田小川町２丁目３番地３
〔振替〕00140-4-118431
〒604-0861 京都市中京区烏丸通竹屋町上る大倉町205番地
〔電話〕代表 (075)231-0161
ホームページ　https://www.chart.co.jp
印刷　河北印刷株式会社
乱丁本・落丁本はお取り替えいたします　211001

第1章
❶ 正の数と負の数①

確認問題 ・・・・・・・・・・5ページ

1 (1)① -11　② $+3.4$
(2)① -7 個多い　② -5℃低い

2 (1)① 18　② 0.01　③ $\frac{16}{9}$
(2)① $+9$，-9　② $+16$，-16
③ $+0.8$，-0.8
(3)① $-6<0$　② $-2>-10$
③ $-5<-4$

3 (1) -5　(2) $+6$
(3) -10　(4) -15
(5) 6　(6) -6
(7) 7　(8) -8

練習問題 ―――――――― 6・7ページ

1▷ (1) $+3$，5，$+0.02$，0.9，$+7$
(2) $+3$，-10，-6，0，5，$+7$
(3) $+3$，5，$+7$

2▷

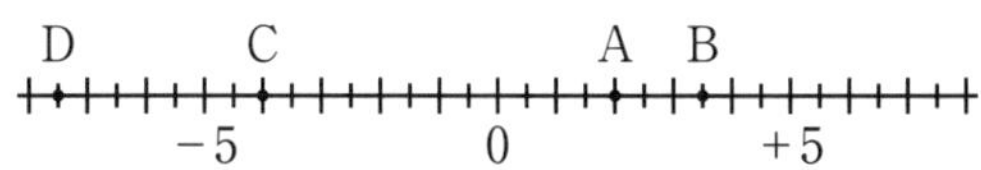

3▷ (1)① $+0.03$，-0.03
② $+\frac{7}{12}$，$-\frac{7}{12}$
③ $+2.7$，-2.7
(2)① $-0.7<-\frac{2}{3}<0$
② $-\frac{5}{4}<-\frac{8}{7}<-1$

4▷ (1) -2，-1，0，1，2
(2) 11個
(3) -6，-5，-4，4，5，6

5▷ (1) 0　(2) -16
(3) $+7$　(4) $+30$
(5) $-\frac{10}{7}$　(6) $+19.3$

6▷ (1) -14　(2) -2.8
(3) 1.2　(4) 1.28
(5) -1　(6) $\frac{4}{15}$
(7) 0　(8) -2.7
(9) -10　(10) -1

練習問題の解説

4▷ (2) 5以下は5をふくむので，-5，-4，-3，-2，-1，0，1，2，3，4，5の11個。0も整数である。
(3) 「3より大きい」，「7より小さい」は3，7をふくまない。よって，絶対値が3より大きく，7より小さい整数は，絶対値が4以上6以下の整数なので，-6，-5，-4，4，5，6。

5▷ (5) $\left(-\frac{11}{14}\right)+\left(-\frac{9}{14}\right)=-\left(\frac{11}{14}+\frac{9}{14}\right)$
$=-\frac{20}{14}=-\frac{10}{7}$
(6) $(+6.8)-(-12.5)$
$=(+6.8)+(+12.5)$
$=+(6.8+12.5)=+19.3$

6▷ (7) $-8-(-5-3)$
$=-8-(-8)$
$=-8+8=0$
(8) $(2.7-4.8)+(-3+2.4)$
$=(-2.1)+(-0.6)$
$=-2.1-0.6=-2.7$
(9) $10-\{11-(-9)\}$
$=10-(11+9)$
$=10-20=-10$
(10) $-12+\{5-(2-8)\}$
$=-12+\{5-(-6)\}$
$=-12+(5+6)$
$=-12+11=-1$

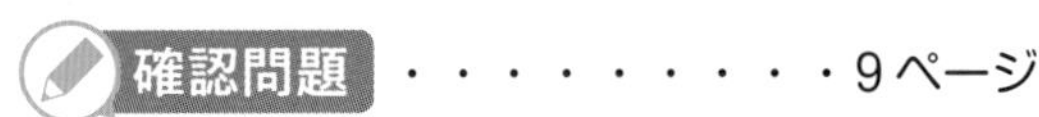

第1章

② 正の数と負の数②

確認問題 ・・・・・・・・・・9ページ

1 (1) 100　(2) -180
(3) -9　(4) -64

2 (1)① 18　② -12
(2) $-\frac{10}{3}$

3 (1) -4　(2) -3
(3) 314　(4) -7

4 (1) $22\times3\times5\times7$
(2) 154cm

練習問題 ―――――― 10・11ページ

1 (1) -10　(2) $\frac{1}{3}$
(3) $-\frac{4}{25}$　(4) $-\frac{27}{8}$
(5) -36　(6) $\frac{1}{6}$

2 (1) -1.9　(2) -12
(3) $\frac{1}{20}$　(4) $-\frac{8}{5}$
(5) -10　(6) $\frac{4}{3}$
(7) 4　(8) -18

3 (1) -125.6　(2) -4
(3) -25　(4) -4
(5) 28　(6) 36

4 (1) 18，4，$+3$
(2) -2，18，4，-9，$+3$

5 (1) 9.4kg　(2) 1kg
(3) 55.4kg

練習問題の解説

1 (4) $\left(-\frac{3}{2}\right)^3=\left(-\frac{3}{2}\right)\times\left(-\frac{3}{2}\right)\times\left(-\frac{3}{2}\right)$
$=-\frac{27}{8}$

(5) $(-2)^3\times4.5=-8\times4.5=-36$

(6) $\left(-\frac{9}{16}\right)\times\left(-\frac{2}{3}\right)^3=\left(-\frac{9}{16}\right)\times\left(-\frac{8}{27}\right)=\frac{1}{6}$

2 (5) $0.6\div(-0.24)\times4$
$=-2.5\times4=-10$

(6) $\frac{3}{5}\times\left(-\frac{10}{7}\right)\div\left(-\frac{9}{14}\right)$
$=\frac{3}{5}\times\frac{10}{7}\times\frac{14}{9}=\frac{4}{3}$

(7) $(-8)^2\times(-1)\div(-16)$
$=64\times(-1)\div(-16)$
$=64\times1\times\frac{1}{16}=4$

(8) $(-2)^3\div(-4)\times(-3^2)$
$=(-8)\div(-4)\times(-9)$
$=-\left(8\times\frac{1}{4}\times9\right)=-18$

3 (1) $3.14\times3^2-3.14\times7^2$
$=3.14\times(3^2-7^2)$
$=3.14\times(9-49)$
$=3.14\times(-40)=-125.6$

(3) $\left(\frac{6}{7}-\frac{5}{8}+\frac{3}{14}\right)\times(-56)$
$=-48+35-12=-25$

(5) $(-4)\times\{42\div(3-9)\}$
$=(-4)\times\{42\div(-6)\}$
$=(-4)\times(-7)=28$

(6) $5\times(-3)^2+(-6^2)\div2^2$
$=5\times9+(-36)\div4$
$=45-9=36$

5 (1) $(+6.4)-(-3)=6.4+3=9.4$(kg)
(2) 基準の重さとの差の平均を求めると，
$(+6.4-3-1.2+3.6-0.8)\div5=1$(kg)
(3) 基準の重さは，$50-1=49$(kg) だから，
A の体重は，$49+6.4=55.4$(kg)

第1章

③ 文字式の計算①

確認問題 ・・・・・・・・・・13ページ

1 (1)① $0.1xy$　② $\frac{4}{5a}$
(2)① $-3\times(x+y)$　② $a\div2\div b$

2 (1) 項　$10a$，-1
a の係数　10
(2) 項　$-5x$，$4y$，2
x の係数　-5
y の係数　4

3 (1) 単項式 ア，ウ，オ　多項式 イ，エ
(2)① 2次式　② 3次式

(3)① $-4x$　② x

4 (1) $8a-3$　(2) $-7x-6$
(3) $x-4y$　(4) $2a-5b$
(5) $3a-5b$　(6) $-2x-3y$

練習問題 ── 14・15ページ

1 (1) $\dfrac{xy}{5}$
(2) $-\dfrac{4a}{b}+c^2$

2 (1) $a\times x-b\times b$
(2) $3\times(x+y)+x\div 2$

3 (1) 項 $\dfrac{3}{5}x$, $-\dfrac{2}{3}y$, 7
x の項の係数 $\dfrac{3}{5}$
y の項の係数 $-\dfrac{2}{3}$
(2) 項 $\dfrac{x}{4}$, $-\dfrac{y}{9}$
x の項の係数 $\dfrac{1}{4}$
y の項の係数 $-\dfrac{1}{9}$

4 (1) 3 次式　(2) 4 次式

5 単項式 ア，エ　多項式 イ，ウ，オ

6 (1) $5x-5$　(2) $\dfrac{3}{5}a-\dfrac{2}{3}$
(3) $4x-y$　(4) $-4a+6b$
(5) $-x^2-5x$　(6) $7a-7b-4$
(7) $10x-10$　(8) $-4x^2-2x+5$
(9) $-x-2y$　(10) $5x-3y$
(11) x^2-4x　(12) $3a-2b-5c$
(13) $3x^2-x-1$　(14) $-2x-2y+5$

7 (1) $-2x+2y$　(2) $8x-12y$

練習問題の解説

6 (2) $\left(\dfrac{2}{5}a-\dfrac{1}{2}\right)-\left(\dfrac{1}{6}-\dfrac{1}{5}a\right)$
$=\dfrac{2}{5}a-\dfrac{1}{2}-\dfrac{1}{6}+\dfrac{1}{5}a$
$=\dfrac{2}{5}a+\dfrac{1}{5}a-\dfrac{3}{6}-\dfrac{1}{6}=\dfrac{3}{5}a-\dfrac{2}{3}$

(8) $(-x^2+5x-4)+(9-7x-3x^2)$
$=-x^2+5x-4+9-7x-3x^2$
$=-4x^2-2x+5$

(9) $(7x+y)-(8x+3y)$
$=7x+y-8x-3y=-x-2y$

(11) $(-x^2+3x)-(-2x^2+7x)$
$=-x^2+3x+2x^2-7x=x^2-4x$

(12) $(2a+4b-c)-(-a+6b+4c)$
$=2a+4b-c+a-6b-4c$
$=3a-2b-5c$

(13) $(6x^2+5x-8)-(3x^2+6x-7)$
$=6x^2+5x-8-3x^2-6x+7$
$=3x^2-x-1$

(14) $(4x+2y-7)-(6x-12+4y)$
$=4x+2y-7-6x+12-4y$
$=-2x-2y+5$

7 (1) $(3x-5y)+(-5x+7y)$
$=3x-5y-5x+7y=-2x+2y$
(2) $(3x-5y)-(-5x+7y)$
$=3x-5y+5x-7y=8x-12y$

第1章
❹ 文字式の計算②

確認問題 ・・・・・・・・・17ページ

1 (1) $-10x+15$　(2) $-8a-6b$
(3) $-2x+3y$　(4) $-3a+5b$

2 (1) $-a-2$　(2) $-4m+6n$
(3) $\dfrac{13x+2y}{6}$　(4) $\dfrac{-a-11b}{12}$

3 (1) $-12x^2y$　(2) x^2
(3) $-4a^2$　(4) $-5ab$
(5) $20y^2$　(6) $6a^2$
(7) $2x$　(8) $-2xy$

練習問題 ── 18・19ページ

1 (1) $4x-3$　(2) $-3a+9b-6c$
(3) $-10x+6y-8z$　(4) $-6x^2+4x+10$
(5) $3x^2-2x-4$　(6) $-\dfrac{1}{2}x+\dfrac{3}{2}y$
(7) $3a+6b-9c$　(8) $-15x+20y$

2 (1) $-a-14$　(2) 3
(3) $-2x-7$　(4) $-2x-y-12$
(5) $\dfrac{2x+7y}{4}$　(6) $\dfrac{a-8b}{12}$

(7) $\dfrac{-x+2y}{18}$　　(8) $\dfrac{-a+11b}{24}$

3
(1) $20ab^2$　　(2) $4x^2y^2$
(3) $\dfrac{1}{6}ab^3$　　(4) $-\dfrac{1}{5}x^2y^2$
(5) $\dfrac{1}{3}ab$　　(6) $3x$
(7) $4a$　　(8) $-8x$

4
(1) $6xy$　　(2) $-3x^2$
(3) $-ab$　　(4) $2y^2$
(5) $-b^2$　　(6) $2xy^2$
(7) $-\dfrac{1}{4}a^3$　　(8) $-24a^3b$

練習問題の解説

1
(6) $(7x-21y)\div(-14)$
$=7x\div(-14)-21y\div(-14)$
$=-\dfrac{1}{2}x+\dfrac{3}{2}y$

(7) $(4a+8b-12c)\div\dfrac{4}{3}$
$=(4a+8b-12c)\times\dfrac{3}{4}$
$=3a+6b-9c$

(8) $(9x-12y)\div\left(-\dfrac{3}{5}\right)$
$=(9x-12y)\times\left(-\dfrac{5}{3}\right)=-15x+20y$

2
(7) $\dfrac{4x-8y}{9}+\dfrac{-x+2y}{2}$
$=\dfrac{2(4x-8y)+9(-x+2y)}{18}$
$=\dfrac{8x-16y-9x+18y}{18}$
$=\dfrac{-x+2y}{18}$

(8) $\dfrac{5a-7b}{8}+\dfrac{-2a+4b}{3}$
$=\dfrac{3(5a-7b)+8(-2a+4b)}{24}$
$=\dfrac{15a-21b-16a+32b}{24}$
$=\dfrac{-a+11b}{24}$

3
(7) $7a^3\div\dfrac{7}{4}a^2=7a^3\times\dfrac{4}{7a^2}=4a$

(8) $6x^2y\div\left(-\dfrac{3}{4}xy\right)$
$=6x^2y\times\left(-\dfrac{4}{3xy}\right)=-8x$

4
(3) $36a^2b^3\div(-3b)^2\div(-4a)$
$=36a^2b^3\div9b^2\div(-4a)$
$=36a^2b^3\times\dfrac{1}{9b^2}\times\left(-\dfrac{1}{4a}\right)=-ab$

(6) $\dfrac{1}{2}x^2y\div\dfrac{3}{4}x\times3y$
$=\dfrac{1}{2}x^2y\times\dfrac{4}{3x}\times3y=2xy^2$

(7) $\dfrac{3}{8}a^2\div\left(-\dfrac{3}{2}a\right)\times a^2$
$=\dfrac{3}{8}a^2\times\left(-\dfrac{2}{3a}\right)\times a^2$
$=-\dfrac{1}{4}a\times a^2=-\dfrac{1}{4}a^3$

(8) $12a^2b\div\left(-\dfrac{9}{2}a\right)\times(-3a)^2$
$=12a^2b\times\left(-\dfrac{2}{9a}\right)\times9a^2=-24a^3b$

第1章

⑤ 式の値と文字式の利用

確認問題 ・・・・・・・・・21ページ

1
(1)① 60　　② 13
(2)① −18　　② 24

2 $2n-1$，$2n-1$，$2m+2n-2$，
$m+n-1$，$m+n-1$，$m+n-1$

3
(1) $24-a=b$　　(2) $x=8y$
(3) $xy \geqq 600$　　(4) $a+b<4000$

4
(1) $x=\dfrac{5y+3}{4}$　　(2) $y=\dfrac{p-7}{6x}$
(3) $y=\dfrac{a}{8}-x$　　(4) $c=\dfrac{4a-8}{3b}$

練習問題 ———— 22・23ページ

1
(1)① −24　　② 48
(2)① −8　　② −2

2 $10x+y$，$10y+x$，$10x+y$，$10y+x$，
$11x+11y$，$x+y$，$x+y$，$x+y$

3 まん中の数を n とすると，右上の数は $n-6$，左下の数は $n+6$ と表される。
したがって，それらの和は，
$(n-6)+n+(n+6)=3n$
よって，ななめに並んだ 3 つの数の和は，まん中の数の 3 倍になる。

4 (1)　$5a+10b=c$
(2)　$2000-(4x+9y) \leqq 200$
(3)　$\frac{3x+y}{4} \geqq z$
(4)　$32-\frac{a}{5}=b$

5 (1)　$x=3y+12$　　(2)　$x=\frac{12}{y}$
(3)　$\ell=\frac{4}{5}m+n$　　(4)　$h=\frac{S}{2\pi r}$
(5)　$a=\frac{S}{\pi r}-r$　　(6)　$h=\frac{3V}{\pi r^2}$
(7)　$b=3m-a-c$　　(8)　$a=\frac{2S}{h}-b$

練習問題の解説

1 (1)①　$-6xy^3 \div (-18y)$
$=\frac{1}{3}xy^2$
$=\frac{1}{3}\times(-8)\times3^2=-8\times3=-24$

②　$\frac{2}{3}x\times(-12xy^2)\div4xy$
$=-8x^2y^2\div4xy$
$=-2xy$
$=-2\times(-8)\times3=48$

(2)①　$2(a-2b)-4(2a-3b)$
$=2a-4b-8a+12b$
$=-6a+8b=-6\times\frac{2}{3}+8\times\left(-\frac{1}{2}\right)$
$=-4-4=-8$

②　$24a^2b\div(-6a)\times3b$
$=24a^2b\times\left(-\frac{1}{6a}\right)\times3b=-12ab^2$
$=-12\times\frac{2}{3}\times\left(-\frac{1}{2}\right)^2$
$=-12\times\frac{2}{3}\times\frac{1}{4}=-2$

4 (2)　おつりは，出した金額から品物の代金をひいたものだから，$2000-(4x+9y)$(円)
よって，$2000-(4x+9y) \leqq 200$

(3)　A，B，C，D 4 人の身長の合計は $(3x+y)$cm
4 人の身長の平均が $z$cm 以上だから，
$\frac{3x+y}{4} \geqq z$

(4)　a 分$=\frac{a}{60}$時間だから，時速 12km で a 分間に進む道のりは，$\frac{12a}{60}=\frac{a}{5}$ (km)
よって，$32-\frac{a}{5}=b$

5 (5)　$S=\pi r(r+a)$
$\frac{S}{\pi r}=r+a$
$r+a=\frac{S}{\pi r}$
$a=\frac{S}{\pi r}-r$

(6)　$V=\frac{1}{3}\pi r^2h$
$3V=\pi r^2h$
$\pi r^2h=3V$
$h=\frac{3V}{\pi r^2}$

(8)　$S=\frac{1}{2}h(a+b)$
$2S=h(a+b)$
$\frac{2S}{h}=a+b$
$a+b=\frac{2S}{h}$
$a=\frac{2S}{h}-b$

第2章

① 1次方程式

確認問題 ・・・・・・・・・25ページ

1 (1) $x=5$　(2) $x=-3$
(3) $x=9$　(4) $x=4$

2 (1) $x=3$　(2) $x=4$
(3) $x=-4$　(4) $x=8$
(5) $x=3$　(6) $x=4$
(7) $x=-1$　(8) $x=3$
(9) $x=16$　(10) $x=3$
(11) $x=12$　(12) $x=24$

3 (1) $x=28$　(2) $x=10$

練習問題 ―――― 26・27ページ

1 イ，カ

2 (1) $x=7$　(2) $x=2$
(3) $x=-2$　(4) $x=12$

3 (1) $x=-2$　(2) $x=4$
(3) $x=-9$　(4) $x=-3$
(5) $x=10$　(6) $x=6$

4 (1) $x=-1$　(2) $x=-5$
(3) $x=-4$　(4) $x=-3$

5 (1) $x=12$　(2) $x=8$
(3) $x=-4$　(4) $x=11$
(5) $x=1$　(6) $x=7$

6 (1) $x=6$　(2) $x=10$
(3) $x=7$　(4) $x=2$
(5) $x=12$　(6) $x=5$

7 (1) $a=3$　(2) $a=3$

練習問題の解説

4 (1) 両辺を100倍して，
$7x-3=20x+10$
$7x-20x=10+3$
$-13x=13$　$x=-1$

(2) 両辺を100倍して，
$15x-24=76+35x$
$15x-35x=76+24$
$-20x=100$　$x=-5$

(3) 両辺を10倍して，
$5(x+4)-8=2x$
$5x+20-8=2x$
$5x+12=2x$
$5x-2x=-12$
$3x=-12$　$x=-4$

(4) 両辺を10倍して，
$3x-16=5(x-2)$
$3x-16=5x-10$
$3x-5x=-10+16$
$-2x=6$　$x=-3$

5 (4) 両辺を6倍して，
$3(x-3)=2(x+1)$
$3x-9=2x+2$
$3x-2x=2+9$　$x=11$

(5) 両辺を20倍して，
$5(3x-1)-8=2x$
$15x-5-8=2x$
$15x-13=2x$
$15x-2x=13$
$13x=13$　$x=1$

(6) 両辺を6倍して，
$3(3-x)-2(2x-5)=-30$
$9-3x-4x+10=-30$
$19-7x=-30$
$-7x=-30-19$
$-7x=-49$　$x=7$

6 (3) $(x-3):3=16:12$
$(x-3)\times12=3\times16$
$12x-36=48$
$12x=48+36$
$12x=84$　$x=7$

(6) $(x-1):(2x+1)=4:11$
$(x-1)\times11=(2x+1)\times4$
$11x-11=8x+4$
$11x-8x=4+11$
$3x=15$　$x=5$

7 (1) $ax-1=2x+a$ に $x=4$ を代入すると，
$4a-1=8+a$
$4a-a=8+1$
$3a=9$　$a=3$

(2) $\dfrac{x-3a}{2}=a-x$ に $x=5$ を代入すると，
$\dfrac{5-3a}{2}=a-5$
両辺を2倍すると，
$5-3a=2a-10$
$-3a-2a=-10-5$
$-5a=-15$　$a=3$

❷ 連立方程式

確認問題 ・・・・・・・・・・29 ページ

1
(1) $(x,\ y)=(4,\ 1)$
(2) $(x,\ y)=(-2,\ 3)$
(3) $(x,\ y)=(3,\ 7)$
(4) $(x,\ y)=(4,\ -2)$

2
(1) $(x,\ y)=(2,\ -1)$
(2) $(x,\ y)=(-3,\ -2)$
(3) $(x,\ y)=(4,\ -2)$
(4) $(x,\ y)=(5,\ -5)$
(5) $(x,\ y)=(4,\ 6)$
(6) $(x,\ y)=(7,\ 4)$
(7) $(x,\ y)=(3,\ -1)$
(8) $(x,\ y)=(2,\ -4)$

練習問題 ―――――――― 30・31 ページ

1
(1) $(x,\ y)=(2,\ -3)$
(2) $(x,\ y)=(5,\ 3)$
(3) $(x,\ y)=(-1,\ -3)$
(4) $(x,\ y)=(3,\ -2)$
(5) $(x,\ y)=(6,\ 4)$
(6) $(x,\ y)=(3,\ 7)$

2
(1) $(x,\ y)=(12,\ 7)$
(2) $(x,\ y)=(-4,\ -1)$
(3) $(x,\ y)=(7,\ 15)$
(4) $(x,\ y)=(-3,\ 8)$
(5) $(x,\ y)=(3,\ 4)$
(6) $(x,\ y)=(4,\ -3)$

3
(1) $(x,\ y)=(2,\ 7)$
(2) $(x,\ y)=(5,\ 1)$
(3) $(x,\ y)=(2,\ 1)$
(4) $(x,\ y)=(2,\ 6)$
(5) $(x,\ y)=(3,\ -10)$
(6) $(x,\ y)=(6,\ 4)$
(7) $(x,\ y)=(-2,\ 12)$
(8) $(x,\ y)=(2,\ -3)$
(9) $(x,\ y)=(6,\ 4)$
(10) $(x,\ y)=(3,\ 5)$
(11) $(x,\ y)=(4,\ -3)$

練習問題の解説

1 (5)
$$\begin{cases} 100x-200y=-200 & \cdots\cdots ① \\ 3x+2y=26 & \cdots\cdots ② \end{cases}$$

①÷100　$x-2y=-2$
②　$+)\ 3x+2y=26$
$4x=24$　$x=6$

$x=6$を②に代入して，$18+2y=26$　$y=4$

2 (5)
$$\begin{cases} y=3x-5 & \cdots\cdots ① \\ y=13-3x & \cdots\cdots ② \end{cases}$$

①，②より，$3x-5=13-3x$
$6x=18$　$x=3$

$x=3$ を②に代入して，
$y=13-3\times3=13-9=4$

(6)
$$\begin{cases} 2x=-4y-4 & \cdots\cdots ① \\ 2x=-5y-7 & \cdots\cdots ② \end{cases}$$

①，②より，$-4y-4=-5y-7$
$y=-3$

$y=-3$ を①に代入して，
$2x=-4\times(-3)-4$　$2x=8$　$x=4$

3 (1)
$$\begin{cases} -2(x-2y)=3x+18 \\ 3x+2(5-y)=2 \end{cases}$$

かっこをはずして式を整理すると，
$$\begin{cases} -5x+4y=18 & \cdots\cdots ① \\ 3x-2y=-8 & \cdots\cdots ② \end{cases}$$

①　$-5x+4y=18$
②×2　$+)\ 6x-4y=-16$
$x=2$

$x=2$ を①に代入して，
$-10+4y=18$　$4y=28$　$y=7$

(5)
$$\begin{cases} 0.1x+0.04y=-0.1 & \cdots\cdots ① \\ 2x+y=-4 & \cdots\cdots ② \end{cases}$$

①の両辺に 100 をかけて 2 でわると，
$5x+2y=-5$　……③

③　$5x+2y=-5$
②×2　$-)\ 4x+2y=-8$
$x=3$

$x=3$を②に代入して，$6+y=-4$　$y=-10$

(8)
$$\begin{cases} \dfrac{x-3}{2}+\dfrac{y+2}{3}=-\dfrac{5}{6} & \cdots\cdots ① \\ 2x-y=7 & \cdots\cdots ② \end{cases}$$

①の両辺に 6 をかけると，
$3(x-3)+2(y+2)=-5$
$3x-9+2y+4=-5$
$3x+2y=0$　……③

③　$3x+2y=0$
②×2　$+)\ 4x-2y=14$
$7x=14$　$x=2$

$x=2$を②に代入して，$4-y=7$　$y=-3$

(10)　$9x-3y=2x+y+1=12$ より，

$$\begin{cases} 9x-3y=12 \\ 2x+y+1=12 \end{cases}$$

式を整理すると，

$$\begin{cases} 3x-y=4 & \cdots\cdots ① \\ 2x+y=11 & \cdots\cdots ② \end{cases}$$

$$\begin{array}{lr} ① & 3x-y=4 \\ ② & +\underline{)\ 2x+y=11} \\ & 5x\quad =15 \end{array}\quad x=3$$

$x=3$ を②に代入して，

$6+y=11$　$y=5$

(11)　$2(x-4)+5y=-x+3(y-1)+1=-15$ より，

$$\begin{cases} 2(x-4)+5y=-15 \\ -x+3(y-1)+1=-15 \end{cases}$$

かっこをはずして式を整理すると，

$$\begin{cases} 2x+5y=-7 & \cdots\cdots ① \\ -x+3y=-13 & \cdots\cdots ② \end{cases}$$

$$\begin{array}{lr} ① & 2x+5y=-7 \\ ②\times 2 & +\underline{)\ -2x+6y=-26} \\ & 11y=-33 \end{array}\quad y=-3$$

$y=-3$ を①に代入して，

$2x-15=-7$　$2x=8$　$x=4$

第2章

③ 方程式の利用

確認問題　・・・・・・・・・33ページ

1　(1)　8個　　(2)　12分間

(3)　232本

2　(1)　A市からB市まで　100km，

B市からC市まで　75km

(2)　A　1600円，B　2400円

練習問題　―――――　34・35ページ

1▷　なし　5個，りんご　7個

2▷　生徒　38人，画用紙　490枚

3▷　11分後

4▷　姉　60枚，妹　135枚

5▷　A　60円，B　80円

6▷　大人　1100円，子ども　500円

7▷　時速14kmで走った道のり　21km，

時速12kmで走った道のり　12km

8▷　男子生徒　231人，女子生徒 207人

練習問題の解説

1▷　なしとりんごは合わせて12個なので，実際に買ったなしを x 個とすると，

りんごは $12-x$(個)

よって，代金の合計は

$120x+160(12-x)$(円) となる。

$120x+160(12-x)=1720$

$120x+1920-160x=1720$

$-40x=1720-1920$

$-40x=-200$

$x=5$

なしは5個，りんごは $12-5=7$(個)

2▷　生徒の人数を x 人とすると，1人に15枚ずつ配るときの画用紙の枚数は，$15x-80$(枚)，1人に12枚ずつ配るときの画用紙の枚数は，$12x+34$(枚) と表される。

$15x-80=12x+34$

$15x-12x=34+80$

$3x=114$

$x=38$

生徒は38人，

画用紙は $15\times 38-80=490$(枚)

3▷　兄が家を出発してから x 分後に弟に追いつくとすると，兄が進んだ道のりは $75x$m と表される。弟は兄より4分前に出発しているので，弟が進んだ時間は $x+4$(分)，弟が進んだ道のりは $55(x+4)$m なので，

$75x=55(x+4)$

$75x=55x+220$

$75x-55x=220$

$20x=220$

$x=11$

4▷　姉の枚数を x 枚とすると，妹の枚数は $195-x$(枚) だから，

$x:(195-x)=4:9$

$x\times 9=(195-x)\times 4$

$9x=780-4x$

$9x+4x=780$

$13x=780$

$x=60$

よって，姉は60枚，妹は $195-60=135$(枚)

【別解】

姉の枚数を x 枚とする。姉の枚数と全体の枚数の比は $4:(4+9)=4:13$ となる。

よって，$x:195=4:13$

$x\times 13=195\times 4$

$13x=780$　$x=60$

5▷　A 1 冊を x 円，B 1 冊を y 円とすると，

$$\begin{cases} 5x+4y=620 & \cdots\cdots ① \\ 7x+9y=1140 & \cdots\cdots ② \end{cases}$$

①×7　　$35x+28y=4340$

②×5　$-)\ 35x+45y=5700$

$-17y=-1360$

$y=80$

$y=80$ を①に代入して，$5x+320=620$

$5x=300$

$x=60$

$x=60$，$y=80$ は問題に適している。

よって，A 1 冊は 60 円，B 1 冊は 80 円

6▷　大人 1 人の入館料を x 円，子ども 1 人の入館料を y 円とすると，

$$\begin{cases} 300x+500y=580000 & \cdots\cdots ① \\ 400x+600y=740000 & \cdots\cdots ② \end{cases}$$

①÷100 より，

$3x+5y=5800$　　$\cdots\cdots$ ③

②÷200 より，

$2x+3y=3700$　　$\cdots\cdots$ ④

③×2　　$6x+10y=11600$

④×3　$-)\ 6x+\ 9y=11100$

$y=500$

$y=500$ を④に代入して，

$2x+1500=3700$　$x=1100$

$x=1100$，$y=500$ は問題に適している。

よって，大人 1 人の入館料は 1100 円，

子ども 1 人の入館料は 500 円

7▷　時速 14km で走った道のりを $x$km，

時速 12km で走った道のりを $y$km とすると，

$$\begin{cases} x+y=33 & \cdots\cdots ① \\ \dfrac{x}{14}+\dfrac{x}{12}=2.5 & \cdots\cdots ② \end{cases}$$

②の両辺に 84 をかけると，

$6x+7y=210$　$\cdots\cdots$ ③

①×7　　$7x+7y=231$

③　$+)\ -6x+7y=210$

$x\quad=21$

$x=21$を①に代入して，$21+y=33$　$y=12$

$x=21$，$y=12$ は問題に適している。

よって，時速 14km で走った道のりは 21km，

時速 12km で走った道のりは 12km

8▷　昨年の男子生徒の数を x 人，女子生徒の数を y 人とすると，今年の男子生徒の数は

$x\times\left(1+\dfrac{5}{100}\right)=\dfrac{105}{100}x$(人)，

女子生徒の数は

$y\times\left(1-\dfrac{10}{100}\right)=\dfrac{90}{100}y$(人)だから，

$$\begin{cases} x+y=450 & \cdots\cdots ① \\ \dfrac{105}{100}x+\dfrac{90}{100}y=438 & \cdots\cdots ② \end{cases}$$

②の両辺に 100 をかけると

$105x+90x=43800$　$\cdots\cdots$ ③

①×90　　$90x+90y=40500$

③　$-)\ 105x+90y=43800$

$-15x\quad=-3300$　$x=220$

$x=220$ を①に代入して，$220+y=450$

$y=230$

$x=220$，$y=230$は問題に適している。

よって，今年の男子生徒の数は，

$220\times\dfrac{105}{100}=231$(人)

女子生徒の数は，$230\times\dfrac{90}{100}=207$(人)

第3章
① 比例と反比例①

確認問題 ・・・・・・・・・・37 ページ

1 イ，ウ

2 (1) $y=4x$　　(2) $y=-8$

3 (1)(2)

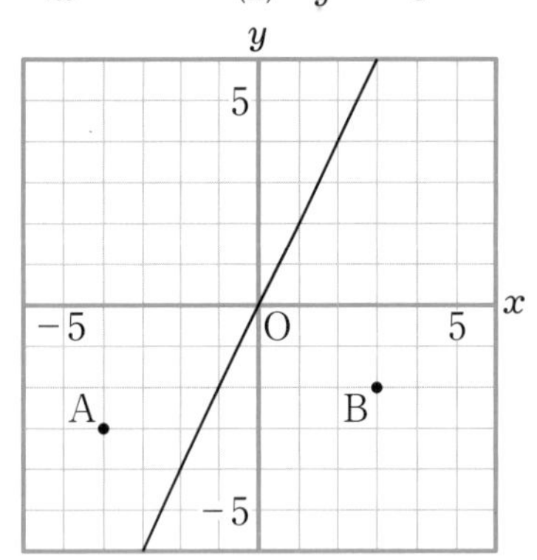

4 (1) $(-1,\ 3)$　　(2) $y=-3x$

練習問題 ―――――― 38・39 ページ

1 ア，ウ，エ

2 (1) -2　　(2) $y=-2x$

3 (1) $y=5x$　　(2) $y=32$

(3) $4 \leqq y \leqq 20$

4 (1) A$(-4,\ -3)$　　B$(0,\ 3)$

(2)

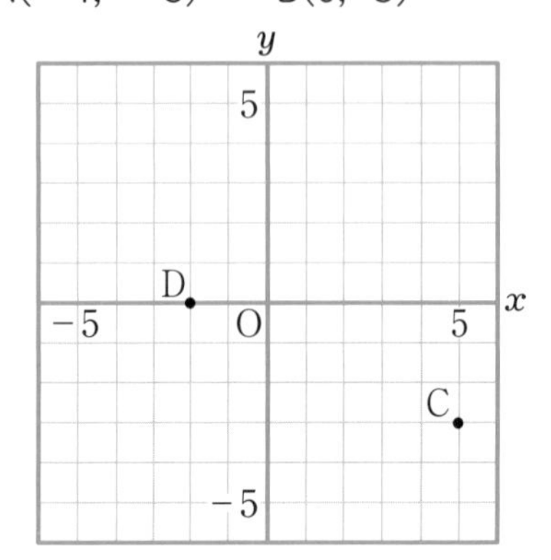

5 (1)(2)

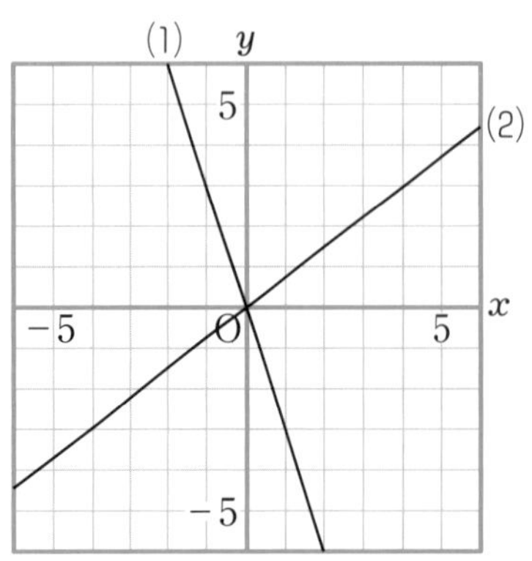

(3) $y=-x$　　(4) $y=\dfrac{1}{3}x$

6 (1) $y=\dfrac{1}{2}x$　　(2) -3

練習問題の解説

5 (1) 原点以外に，点$(-2,\ 6)$，$(-1,\ 3)$，$(1,\ -3)$，$(2,\ -6)$を通る。

(2) 原点以外に，点$(-4,\ -1)$，$(4,\ 1)$を通る。

(3) $y=ax$とおく。点$(6,\ -6)$を通っているので，$-6=6a$より，$a=-1$

よって，$y=-x$

(4) $y=ax$とおく。点$(6, 2)$を通っているので，

$2=6a$より，$a=\dfrac{1}{3}$　よって，$y=\dfrac{1}{3}x$

6 (1) $y=ax$とおく。点$(8, 4)$を通っているので，

$4=8a$より，$a=\dfrac{1}{2}$　よって，$y=\dfrac{1}{2}x$

(2) $y=\dfrac{1}{2}x$に$x=-6$を代入して，

$y=\dfrac{1}{2}\times(-6)=-3$

よって，点Bのy座標は-3

第3章
② 比例と反比例②

確認問題 ・・・・・・・・・・41 ページ

1 (1) $y=\dfrac{8}{x}$　　(2) $y=-\dfrac{4}{3}$

2 (1)

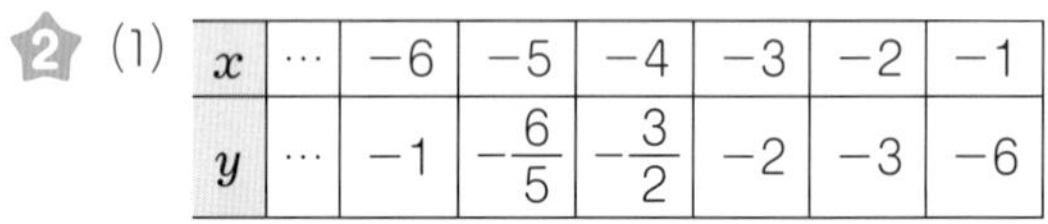

x	…	-6	-5	-4	-3	-2	-1	0	1	2	3	4	5	6	…
y	…	-1	$-\frac{6}{5}$	$-\frac{3}{2}$	-2	-3	-6	×	6	3	2	$\frac{3}{2}$	$\frac{6}{5}$	1	…

(2)

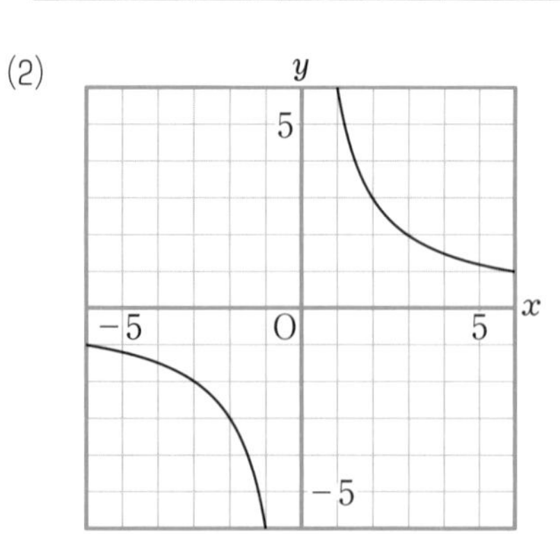

(3) $y=-\frac{12}{x}$

3 比例　エ，カ　　反比例　ア，ウ

練習問題 ―――― 42・43ページ

1 (1) $y=-\frac{18}{x}$　　(2) $y=-8$

2 (1)

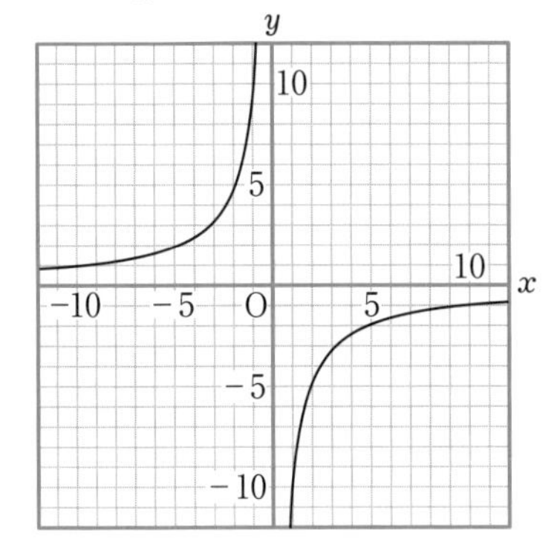

(2) $y=\frac{30}{x}$

3 (1) $y=\frac{1800}{x}$　　(2) $y=40$

4 (1) $y=2x$　　(2) $0 \leqq x \leqq 4$

(3)

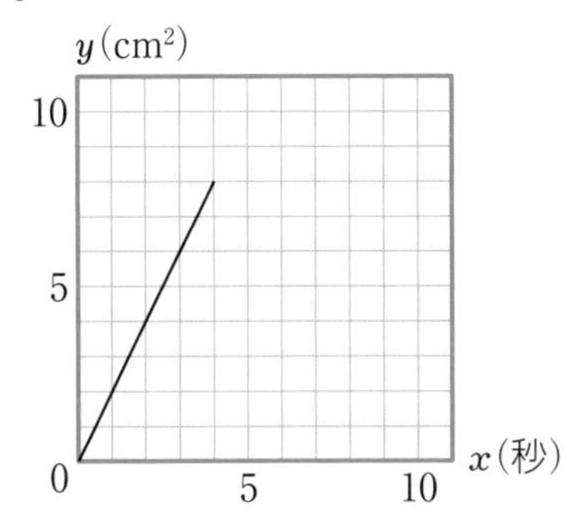

5 (1) $y=\frac{2}{3}x$　　(2) -4

(3) $y=\frac{24}{x}$

練習問題の解説

1 反比例の関係は，$y=\frac{a}{x}$と表される。

(1) $y=\frac{a}{x}$に$x=2$，$y=-9$を代入して，

$-9=\frac{a}{2}$

よって，$a=-18$より，$y=-\frac{18}{x}$

(2) $y=\frac{a}{x}$に$x=-4$，$y=14$を代入して，

$14=-\frac{a}{4}$

よって，$a=-56$より，$y=-\frac{56}{x}$

$y=-\frac{56}{x}$に$x=7$を代入して，$y=-8$

2 (1) 点$(-10,\ 1)$，$(-5,\ 2)$，$(-2,\ 5)$，$(-1,\ 10)$，$(1,\ -10)$，$(2,\ -5)$，$(5,\ -2)$，$(10,\ -1)$を通る。

(2) 点$(5,\ 6)$を通っているので，$y=\frac{a}{x}$に

$x=5$，$y=6$を代入して，$6=\frac{a}{5}$より，

$a=30$

よって，$y=\frac{30}{x}$

4 (1) 点Pが出発してからx秒後，BP$=x$cm，AB$=4$cmなので，△ABPの面積は，

$\frac{1}{2}\times x\times 4=2x(\mathrm{cm}^2)$

よって，$y=2x$

(2) BC$=4$cmで，点Pの速さは秒速1cmなので，点Pが頂点Cに着くのは，

頂点Bを出発してから$\frac{4}{1}=4$(秒後)

よって，xの変域は，$0 \leqq x \leqq 4$

(3) $x=4$のとき，$y=2\times4=8$なので，原点と点$(4,\ 8)$を結ぶ直線になる。

5 (1) $y=ax$に$x=3$，$y=2$を代入して，$2=3a$

よって，$a=\frac{2}{3}$より，$y=\frac{2}{3}x$

(2) $y=\frac{2}{3}x$に$x=-6$を代入して，

$y=\frac{2}{3}\times(-6)=-4$

(3) 曲線mは反比例のグラフなので，その式は$y=\frac{a}{x}$と表せる。点Bはこの曲線上の点なので，この式に$x=-6$，$y=-4$を代入して，$-4=-\frac{a}{6}$

よって，$a=24$より，$y=\frac{24}{x}$

第3章

❸ 1次関数①

確認問題 ・・・・・・・・・45ページ

1 ア　-5　　イ　1　　ウ　10

2 (1)　3　　　(2)　-3

3 -2，-2，4，4，2

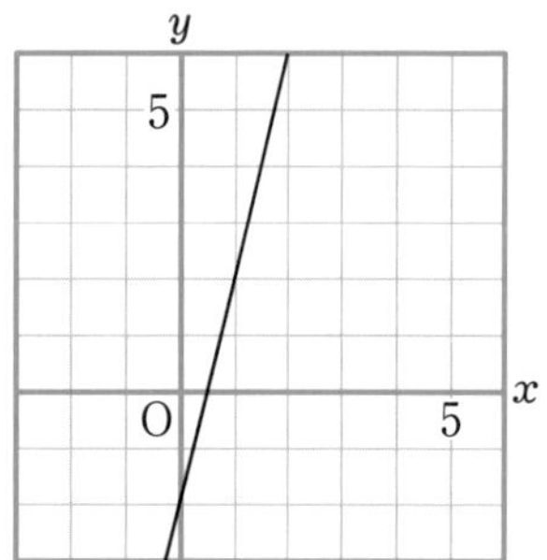

4 (1)　$y=-3x+11$　(2)　$y=\frac{1}{2}x-\frac{1}{2}$

(3)　$y=-5x+3$

練習問題 ――――― 46・47ページ

1 ア　$y=3x$　　　イ　$y=6x+18$

ウ　$y=\frac{24}{x}$　　　エ　$y=-x+23$

オ　$y=-260x+2000$

1次関数であるもの　ア，イ，エ，オ

2 (1)　2　　(2)　$\frac{5}{2}$　　(3)　$-\frac{2}{3}$

3 (1)　-2　　(2)　$\frac{2}{3}$

4 (1)

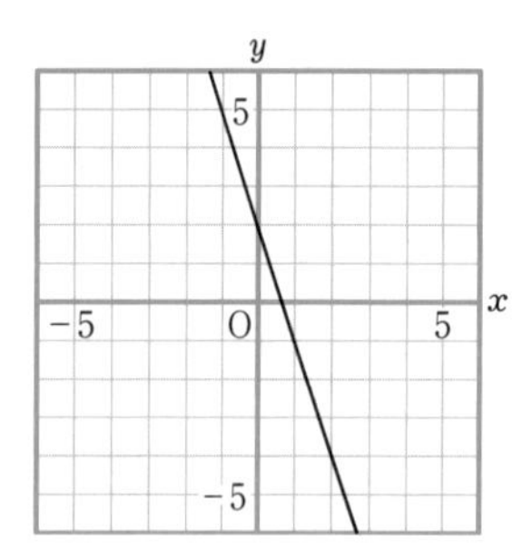

(2)

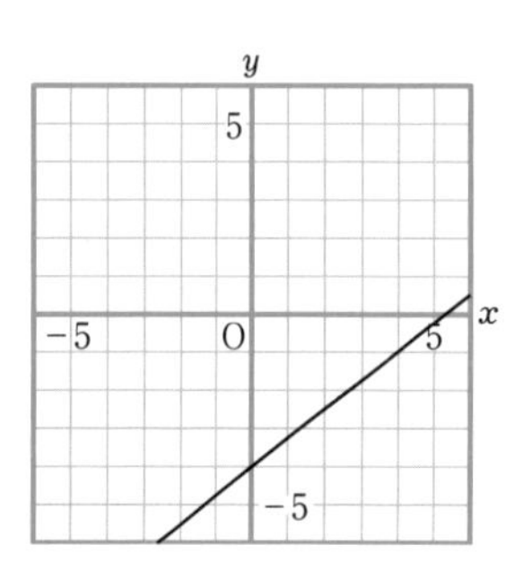

5 (1)①　$y=4x-4$　　②　$y=\frac{1}{4}x+3$

(2)①　$y=-\frac{3}{5}x+3$　②　$y=-2x+2$

6 (1)　$y=5x+3$　　(2)　$y=-\frac{2}{3}x+5$

(3)　$y=\frac{3}{5}x+3$　　(4)　$y=-3x-2$

7 (1)　$y=-3x+1$　　(2)　$y=\frac{1}{2}x+6$

(3)　$y=-\frac{2}{3}x+\frac{7}{3}$

練習問題の解説

3 (1)　$\frac{0-4}{1-(-1)}=-2$

(2)　$\frac{7-5}{2-(-1)}=\frac{2}{3}$

6 (1)　変化の割合が5だから，求める式を$y=5x+b$として，$x=-2$，$y=-7$を代入すると，$-7=-10+b$　$b=3$

よって，$y=5x+3$

(4)　平行な直線は傾きが等しいから，求める式を$y=-3x+b$として，$x=-2$，$y=4$を代入すると，$4=6+b$　$b=-2$

よって，$y=-3x-2$

第3章

❹ 1次関数②

確認問題 ・・・・・・・・・49ページ

1 $2x+4$，4，-2，4，-2，2，4

2 $(-3,\ -2)$

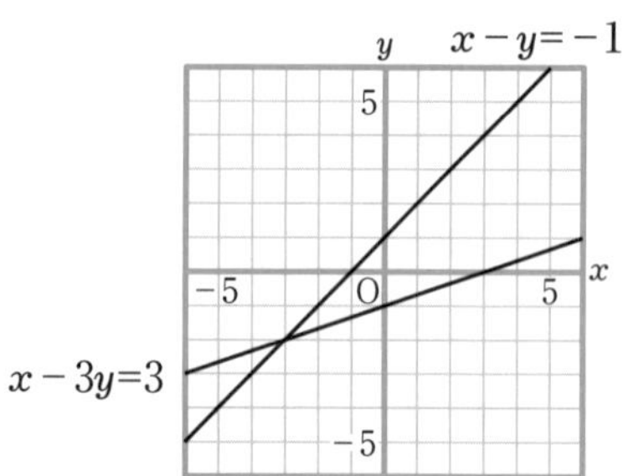

3 (1)

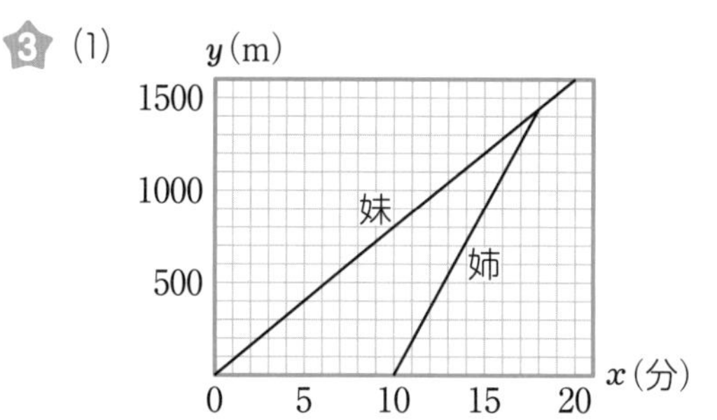

(2)① $0 \leqq x \leqq 6$　　$y=5x$

② $6 \leqq x \leqq 16$　　$y=30$

③ $16 \leqq x \leqq 22$　　$y=-5x+110$

練習問題 ―――― 50・51 ページ

1 (1)

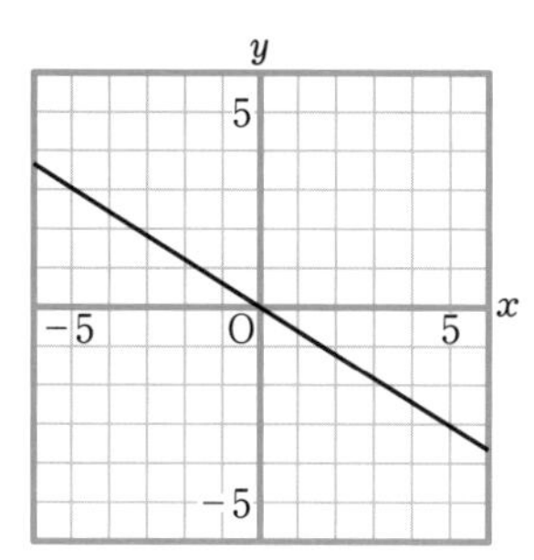

(2)

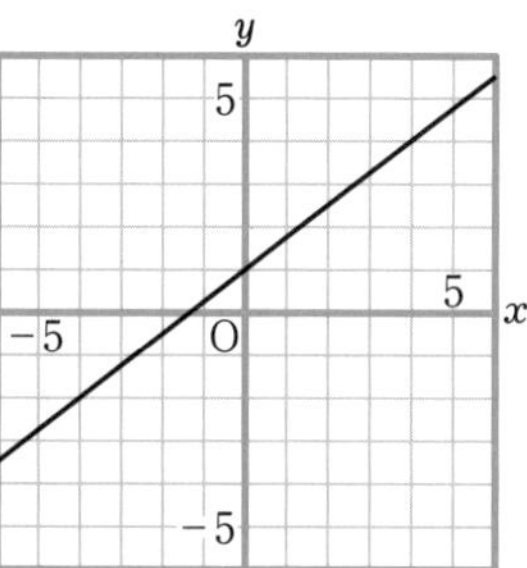

(3)

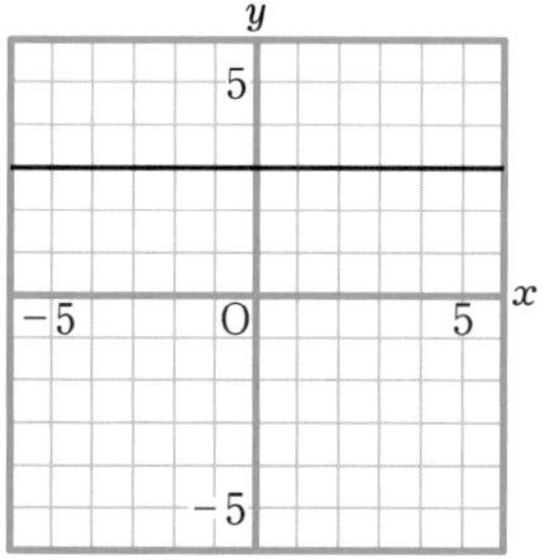

(4)

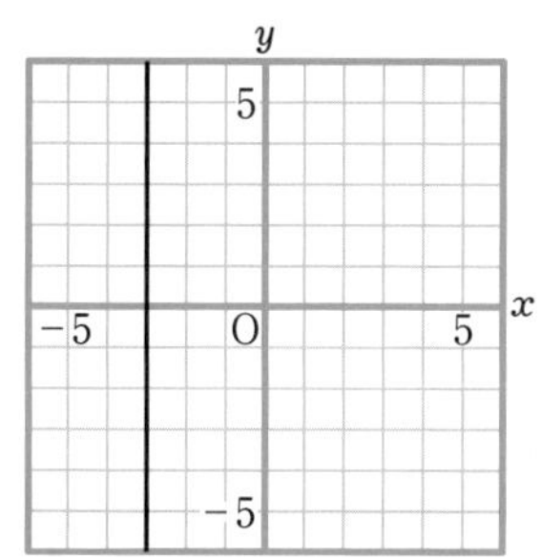

2 (4, −3)

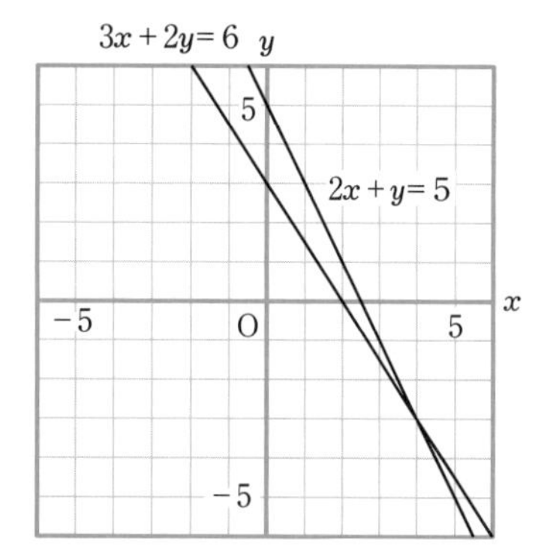

3 (12, 1)

4 (1) A さん　$y=-54x+1620$

お姉さん　$y=81x-405$

(2) 15 分後

5 (1)① $0 \leqq x \leqq 8$　　$y=3x$

② $8 \leqq x \leqq 14$　　$y=-4x+56$

(2)

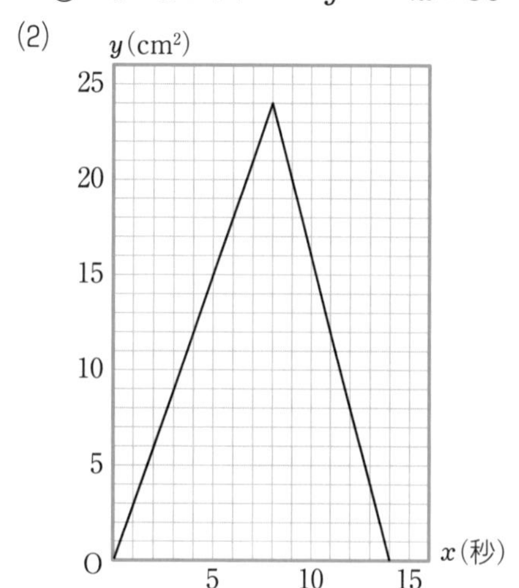

練習問題の解説

3　直線 ℓ は，2 点 (0, −3)，(3, −2) を通っているので，グラフの傾きは

$\dfrac{-2-(-3)}{3-0}=\dfrac{1}{3}$，切片は−3

よって，$y=\dfrac{1}{3}x-3$　…… ①

直線 m は，2 点 (0, 4)，(4, 3) を通っているので，

グラフの傾きは $\dfrac{3-4}{4-0}=-\dfrac{1}{4}$，切片は 4

よって，$y=-\dfrac{1}{4}x+4$　…… ②

①，②より，$\dfrac{1}{3}x-3=-\dfrac{1}{4}x+4$　$x=12$

$x=12$ を①に代入して，

$y=\dfrac{1}{3}\times 12-3=1$

よって，求める交点の座標は (12，1)

4 (1) Aさんの速さは，1620÷30=54 より，
分速 54m だから，Aさんが進むようすを表すグラフの傾きは−54，切片は 1620
よって，$y=-54x+1620$ …… ①
お姉さんの速さは，1620÷(25−5)=81 より，
分速 81m だから，$y=81x+b$ と表せる。
$x=5$，$y=0$ を代入すると，
$0=81\times5+b$　$b=-405$
よって，お姉さんが進むようすを表すグラフの式は，$y=81x-405$ …… ②

(2) ①，②より，
$-54x+1620=81x-405$　$x=15$
よって，15 分後。

5 (1)① 点Pは8秒後に点Cに達するので，
x の変域は，$0\leqq x\leqq8$

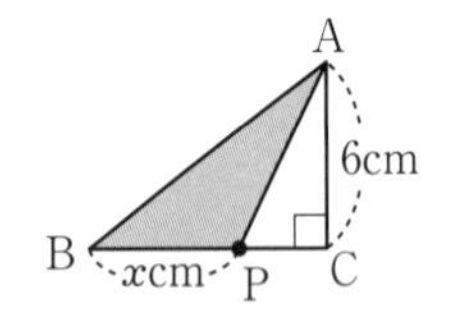

BP=$x$cm，AC=6cm なので，
△ABP の面積は，
$\frac{1}{2}\times x\times6=3x$(cm^2)
よって，$y=3x$

② 点Pは，8+6=14(秒後)に点Aに達するので，x の変域は，$8\leqq x\leqq14$

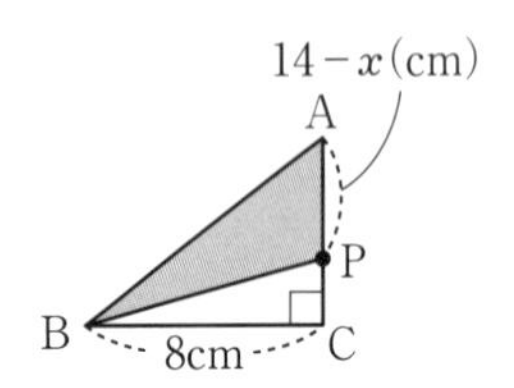

AP=$14-x$(cm)，BC=8cm なので，
△ABP の面積は，
$\frac{1}{2}\times(14-x)\times8=-4x+56$(cm^2)
よって，$y=-4x+56$

(2) $x=8$ のとき，$y=3\times8=24$
$x=14$ のとき，$y=-4\times14+56=0$
よって，グラフは，原点，(8，24)，(14，0) を直線で結んだものになる。

第4章
① 平面図形①

確認問題 ・・・・・・・・・53ページ

1

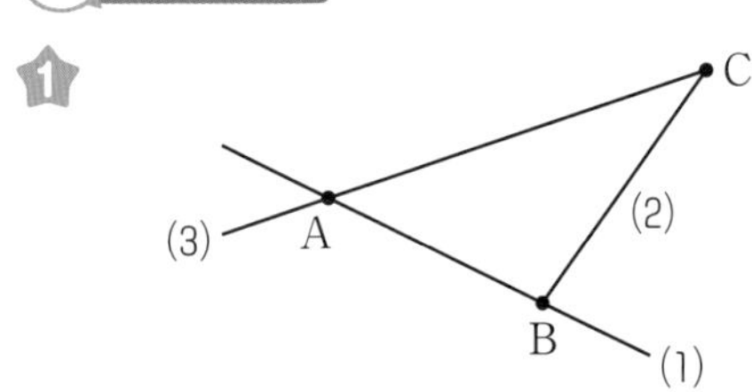

2 (1) エ　(2) イ

3 (1) 115°　(2) ∠BOD

4 (1)

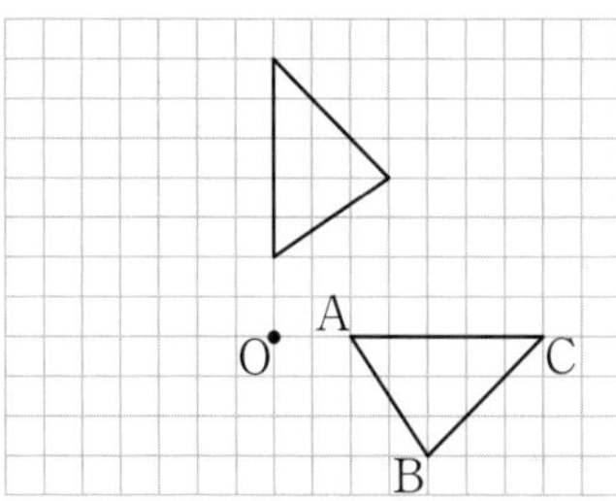

(2)

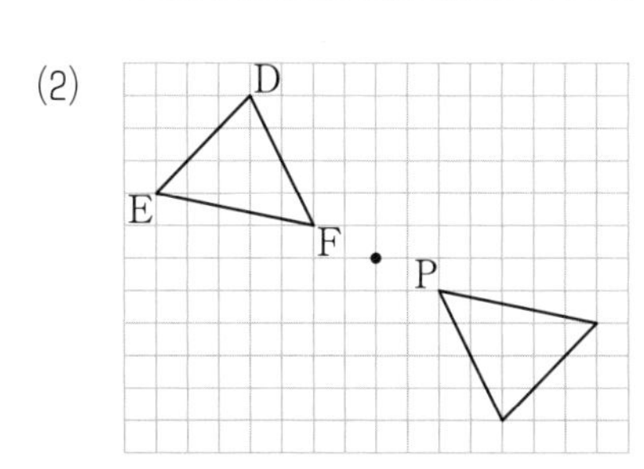

練習問題 ――――――――― 54・55ページ

 (1)

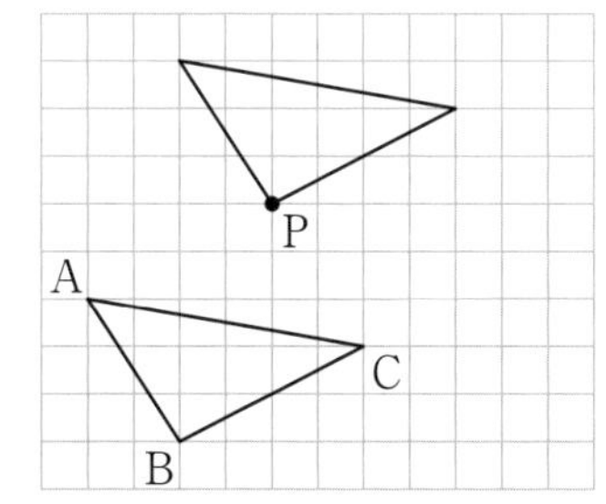

(2)

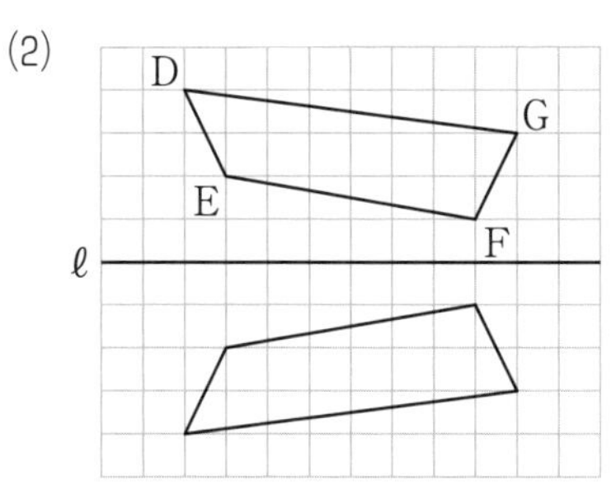

2▷ (1) 点Q　(2) 辺PR
(3) AP//BQ　(4) BC＝QR

3▷ (1) 点F　(2) 辺HE
(3) AE⊥ℓ　(4) CM＝GM

4▷ (1) 点R　(2) 辺AB
(3) ∠QPR　(4) 線分OQ
(5) 60°

5▷ (1) △COR　(2) △ODS
(3) △BQO　(4) △QOC
(5) △BOP，△ODS

練習問題の解説

2▷ (3) 平行移動では，対応する2点を結ぶ線分はそれぞれ平行なので，AP//BQ
(4) 辺BCと辺QRは対応する辺なので，BC＝QR

3▷ (3) 対称移動では，対応する2点を結ぶ線分は，対称の軸と垂直に交わるので，AE⊥ℓ
(4) 対称移動では，対応する2点を結ぶ線分は，対称の軸によって2等分されるので，CM＝GM

5▷ (5) △DORを，点Oを回転の中心として180°回転移動すると，△BOPに重ね合わせることができる。また，△DORを，ODのまん中の点を回転の中心として180°回転移動すると，△ODSに重ね合わせることができる。

第4章
② 平面図形②

確認問題 ・・・・・・・・・57ページ

1 (1)① 弧AB，$\overset{\frown}{AB}$　② 弦AB
(2) 弧の長さ　4π cm，面積　24π cm^2

2 (1)

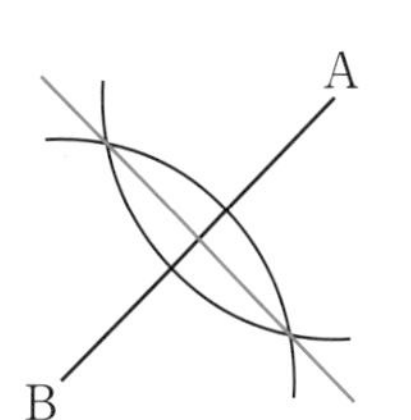

(2)

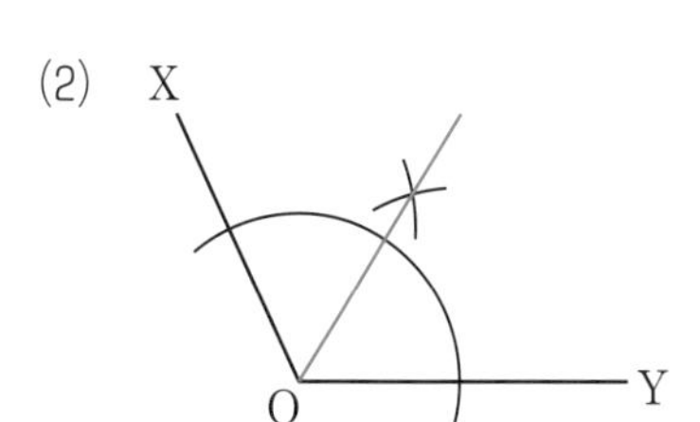

(3)

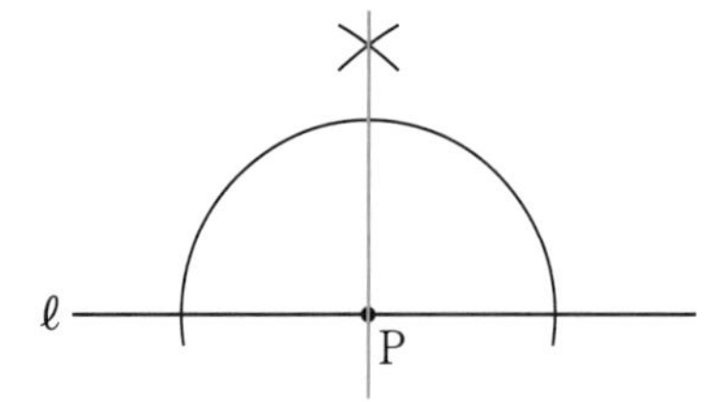

(4)

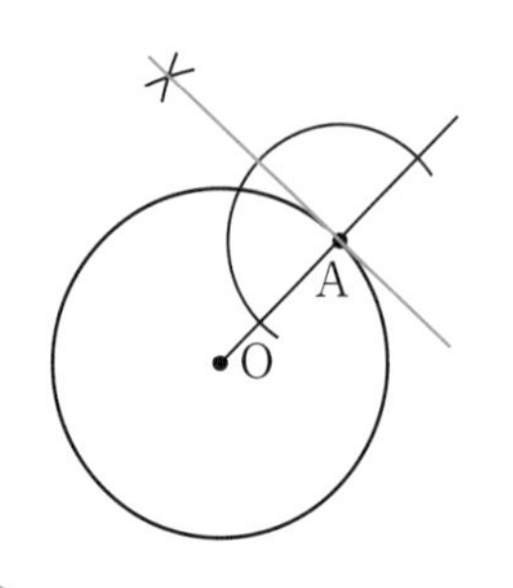

練習問題 ―― 58・59ページ

1 (1) 弧の長さ 10π cm，面積 37.5π cm²

(2) 50°

2 126π cm²

3 (1)

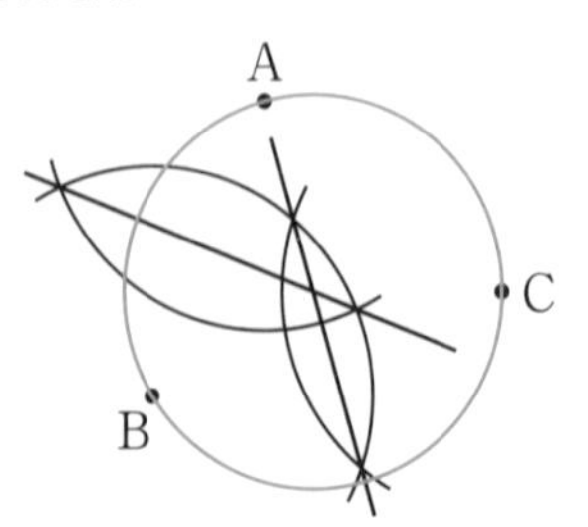

(2)

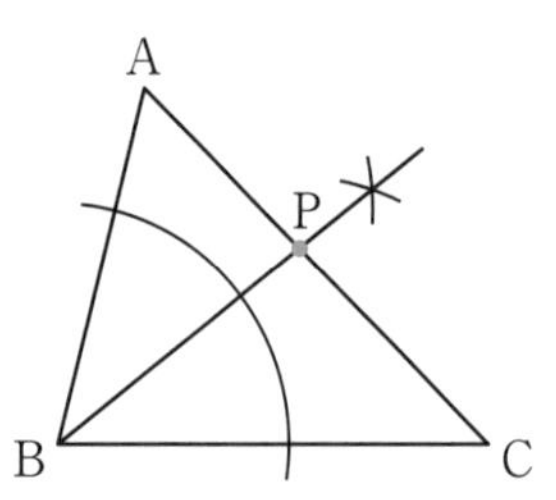

4

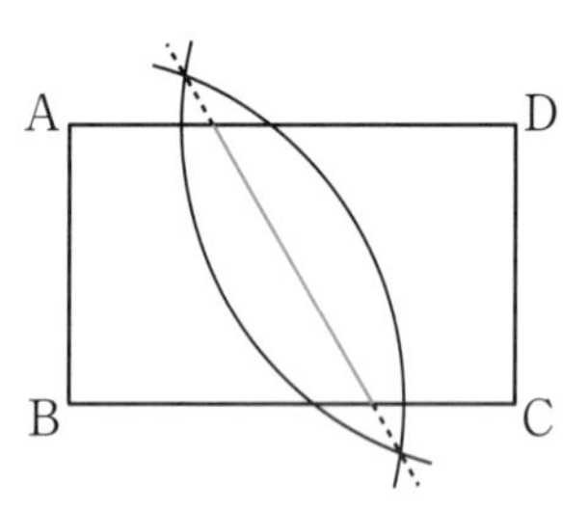

5 (1)

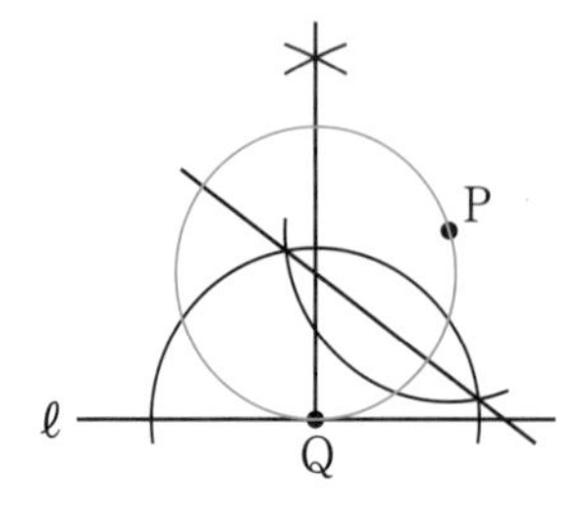

(2)

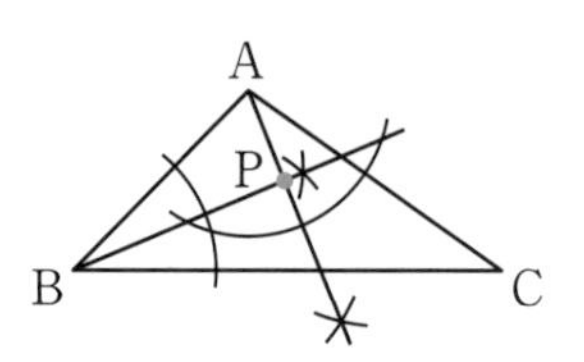

6 (1)

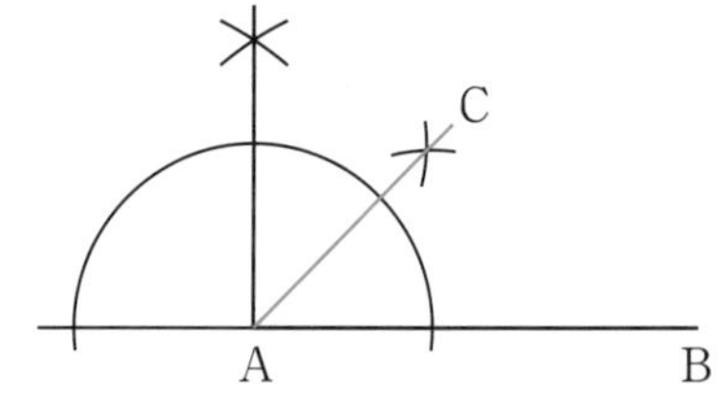

(2)

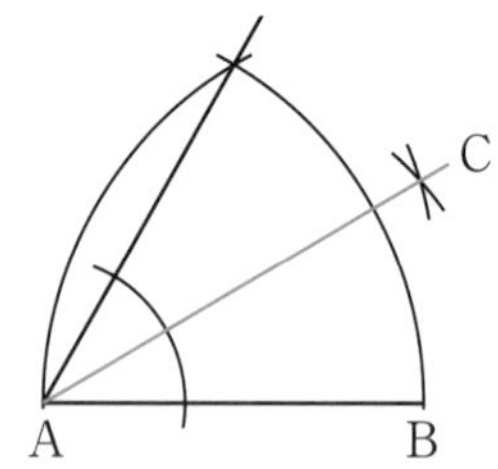

練習問題の解説

2 　中心角をx°とすると，$2\pi\times18\times\dfrac{x}{360}=14\pi$

$2\times18\times\dfrac{x}{360}=14$　$\dfrac{x}{10}=14$　$x=140$

よって，面積は，

$\pi\times18^2\times\dfrac{140}{360}=324\pi\times\dfrac{7}{18}=126\pi$ (cm²)

3 (1) 求める円の中心は，3点A，B，Cから等しい距離にあるので，線分AB，BC，CAのうち，いずれか2つの線分の垂直二等分線の交点を中心とすればよい。

(2) 辺AB，BCからの距離が等しい点なので，∠ABCの二等分線上にある。

4 　折り返したときに点Bと点Dが重なるので，折り目の線分は，線分BDの垂直二等分線になる。

5 (1) 求める円の点Qを通る半径は直線ℓに垂直だから，円の中心は，Qを通る直線ℓの垂線上にある。また，求める円が点P，Qを通ることから，円の中心は線分PQの垂直二等分線上にある。

(2) 求める点は，辺AB，BCから等距離にあるので，∠ABCの二等分線上にある。また，求める点は頂点Aにもっとも近いので，Aから∠ABCの二等分線に垂線をひき，交わった点をPとすればよい。

6 (1) 点Aを通る線分ABの垂線をひき，できた直角の二等分線をひく。

(2)　点 A，B をそれぞれ中心として，線分 AB を半径とする円をかき，交点の 1 つを P とすると，
△PAB は正三角形となるから，
∠PAB の二等分線をひく。

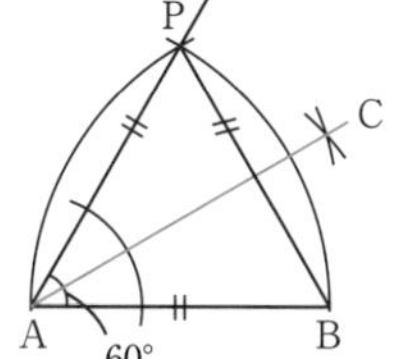

第 4 章
❸ 空間図形①

確認問題　・・・・・・・・・61 ページ

1 (1)ア　円柱　　イ　四角柱(直方体)
ウ　三角錐　　エ　円錐
多面体　イ，ウ
(2)①　正十二面体　　②　正二十面体

2 (1)　辺 AE，BF，DH
(2)　辺 CB，CD，GF，GH
(3)　辺 AD，AB，EF，EH
(4)　面 EFGH
(5)　面 BFGC，CGHD，DHEA，AEFB
(6)　辺 EF，FG，GH，HE
(7)　辺 AE，BF，CG，DH

3 (1)　五角柱

(2)

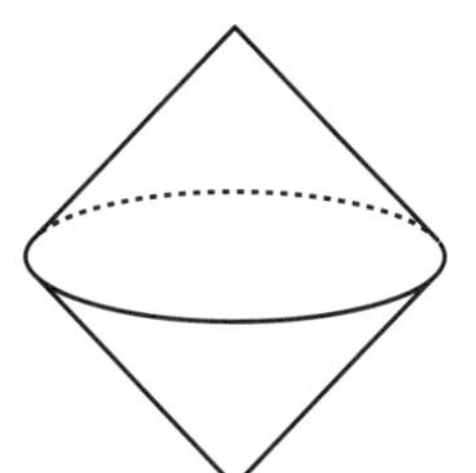

練習問題 ―――――― 62・63 ページ

1

	面の形	面の数	頂点の数	辺の数
正四面体	正三角形	4	4	6
正六面体	正方形	6	8	12
正八面体	正三角形	8	6	12
正二十面体	正三角形	20	12	30

2 (1)　12，5×12，60，3，3，60÷3，20
(2)　5×12，60，2，60÷2，30

3 (1)　辺 AC，AD，AE，BC，BE
(2)　辺 BC，BE
(3)　辺 AD，AE

4 (1)　ウ，オ　(2)　ア，イ　(3)　ア，ウ

5 (1)　四角柱(直方体)　　(2)　円柱
(3)　円錐

6

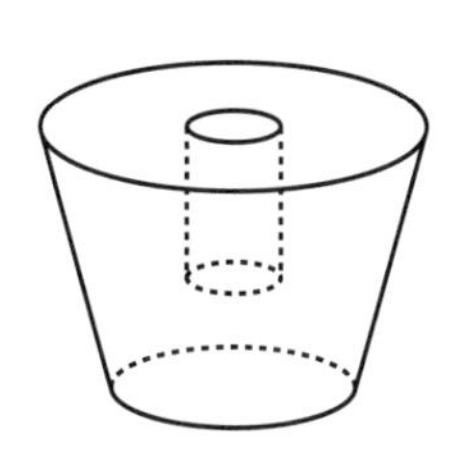

練習問題の解説

2　正十二面体は下のような立体で，正五角形が 12 個組み合わさってできている。

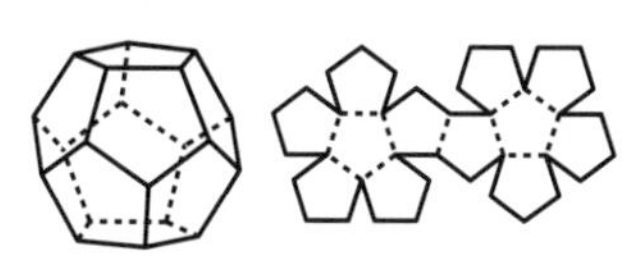

4　展開図を組み立てると，下のようになる。

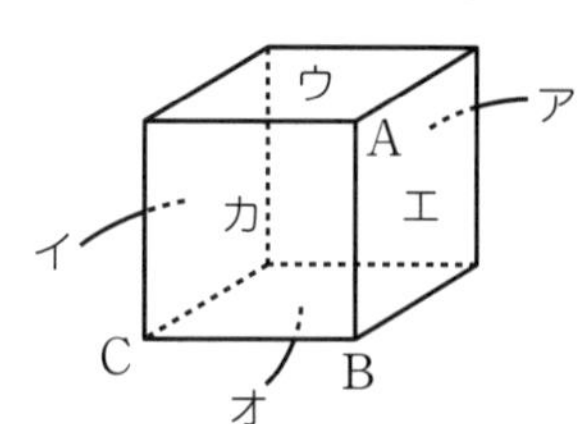

第 4 章
❹ 空間図形②

確認問題　・・・・・・・・・65 ページ

1 (1)　三角錐
(2)

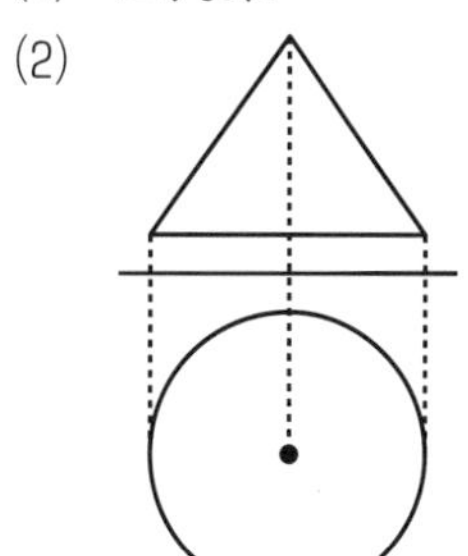

2 (1)　288cm²　　(2)　320π cm²
(3)　736cm²

3 (1)　252π cm³　　(2)　100π cm³
(3)　36π cm³

練習問題 ―――――― 66・67 ページ

1 (1)　四角錐　(2)　円柱　(3)　正八面体

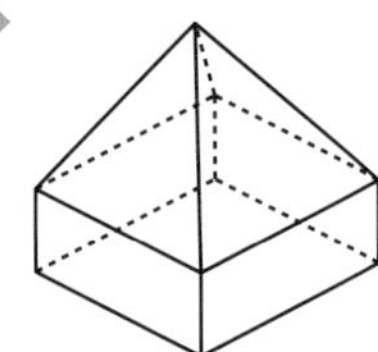

3▷ (1) 560π cm²　(2) 64π cm²
(3) 70π cm²　(4) 224π cm²

4▷ (1) 180π cm³　(2) 240cm³
(3) 539cm³　(4) 1125π cm³
(5) 324π cm³

5▷ (1) 表面積　108π cm²
体積　144π cm³
(2) 表面積　162π cm²
体積　243π cm³

練習問題の解説

3▷ (3) 展開図で，おうぎ形の中心角を $x°$ とすると，

$2\pi\times9\times\frac{x}{360}=2\pi\times5$

これより，$x=200$
よって，求める表面積は，

$\pi\times5^2+\pi\times9^2\times\frac{200}{360}=70\pi(\text{cm}^2)$

【別解】
半径 r，弧の長さ ℓ のおうぎ形の面積 S は，
$S=\frac{1}{2}\ell r$ で求められるから，側面積は，
$\frac{1}{2}\times(2\pi\times5)\times9=45\pi(\text{cm}^2)$
底面積は $\pi\times5^2=25\pi(\text{cm}^2)$ なので，
求める表面積は，$45\pi+25\pi=70\pi(\text{cm}^2)$

(4) 円錐の部分の側面のおうぎ形の中心角を $x°$ とすると，

$2\pi\times10\times\frac{x}{360}=2\pi\times8$　$x=288$

表面積は，

$\pi\times8^2+5\times2\pi\times8+\pi\times10^2\times\frac{288}{360}$

$=224\pi(\text{cm}^2)$

4▷ (4) $\frac{1}{3}\times\pi\times15^2\times10+\frac{1}{3}\times\pi\times15^2\times5$

$=1125\pi(\text{cm}^3)$

(5) $\pi\times6^2\times12-\frac{1}{3}\times\pi\times6^2\times9$

$=324\pi(\text{cm}^3)$

5▷ (1) 表面積は，半径が 6cm の球の表面積の半分と，半径が 6cm の円の面積の和になるから，

$4\pi\times6^2\times\frac{1}{2}+\pi\times6^2=108\pi(\text{cm}^2)$

(2) 表面積は，半径が 9cm の球の表面積の $\frac{1}{4}$ と，半径が 9cm の 2 つの半円の面積の和になるから，

$4\pi\times9^2\times\frac{1}{4}+\pi\times9^2\times\frac{1}{2}\times2=162\pi(\text{cm}^2)$

第4章
❺ 図形の性質と合同①

確認問題 ・・・・・・・・・69 ページ

1 (1)① ∠c　② ∠e　③ ∠h
(2)① ∠a＝65°，∠b＝86°
② ∠a＝70°，∠b＝55°

2 (1)① 30°　② 120°　③ 56°
(2)① 鋭角三角形　② 鈍角三角形
③ 直角三角形
(3) 45°

練習問題 ―――― 70・71 ページ

1▷ (1)① ∠g　② ∠d　③ ∠c
(2)① ∠d　② ∠a　③ ∠b

2▷ (1)① 70°　② 100°　③ 100°
(2)① 116°　② 105°

3▷ 75°

4▷ (1) 59°　(2) 135°

5▷ (1) 1440°　(2) 160°
(3) 九角形　(4) 3240°

6▷ (1) 49°　(2) 119°

7▷ (1) 27°　(2) 42°

練習問題の解説

3▷ ∠a＝40°＋35°＝75°

5▷ (2) 180°×(18−2)÷18＝160°
(3) n 角形とすると，180°×(n−2)＝1260°
n−2＝7　n＝9　よって，九角形。
(4) 360°÷18°＝20 より，二十角形である。
内角の和は，180°×(20−2)＝3240°

6 (1)　$180^\circ\times(6-2)=720^\circ$
$720^\circ-(105^\circ+132^\circ+110^\circ+124^\circ+118^\circ)$
$=131^\circ$
$\angle x=180^\circ-131^\circ=49^\circ$
(2)　103°の角の外角の大きさは，
$180^\circ-103^\circ=77^\circ$
$\angle x$の外角の大きさは，
$360^\circ-(68^\circ+77^\circ+70^\circ+84^\circ)=61^\circ$
$\angle x=180^\circ-61^\circ=119^\circ$

7 (1)　$\angle a=43^\circ+72^\circ=115^\circ$
$\angle a=\angle x+88^\circ$より，
$\angle x=115^\circ-88^\circ=27^\circ$

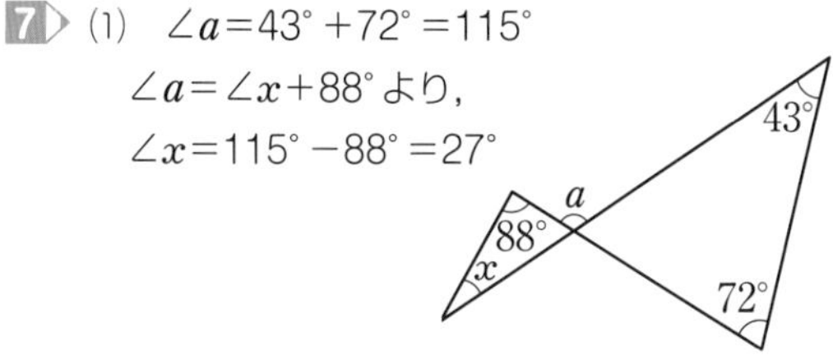

(2)　$\ell/\!/m$より，錯角は等しいので，$\angle b=66^\circ$
よって，$\angle x=\angle b-24^\circ$
$=42^\circ$

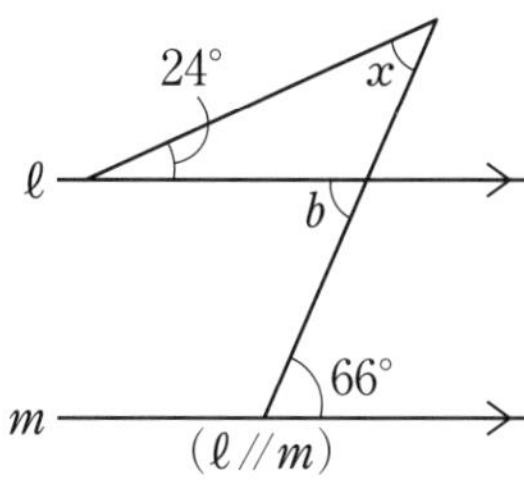

第４章
❻ 図形の性質と合同②

確認問題　・・・・・・・・・73ページ

1 (1)①　9cm　　②　60°
(2)①　1組の辺とその両端の角がそれぞれ等しい。
②　3組の辺がそれぞれ等しい。
③　2組の辺とその間の角がそれぞれ等しい。

2 (1)①　仮定　△ABC ≡△DEF
結論　∠C＝∠F
②　仮定　ある数が6の倍数である
結論　ある数は偶数である
(2)　ABC，DCB，BC，BC，1組の辺とその両端の角がそれぞれ等しい，A，D

練習問題　――――――　74・75ページ

1 (1)　77°　　(2)　15cm　　(3)　13cm

2 △ABC ≡△XWV
3組の辺がそれぞれ等しい。
△DEF ≡△ONM
1組の辺とその両端の角がそれぞれ等しい。
△GHI ≡△TUS
1組の辺とその両端の角がそれぞれ等しい。
△JKL ≡△RQP
2組の辺とその間の角がそれぞれ等しい。

3 (1)　仮定　△ABCにおいて，
AB＝ACである
結論　∠B＝∠C
(2)　仮定　ある四角形の4辺の長さが等しい
結論　ある四角形はひし形である

4 (1)　DE，CE，対頂角，DEC，2組の辺とその間の角がそれぞれ等しい
(2)　AB，AD，BD，DB，3組の辺がそれぞれ等しい，ADB，CBD

5 〔証明〕
△ABDと△ACEにおいて，
仮定より，AB＝AC　……①
AD＝AE　……②
共通な角だから，
∠BAD＝∠CAE　……③
①，②，③より，2組の辺とその間の角がそれぞれ等しいから，
△ABD≡△ACE
合同な図形では対応する辺の長さは等しいから，BD＝CE

練習問題の解説

2 　△DEFと△ONMでは，2組の角がそれぞれ等しいので，残りの角も等しくなる。

3 　ことがらや性質が「○○○ ならば △△△」という形で述べられるとき，○○○の部分を仮定，△△△の部分を結論という。

4 　証明とは，あることがらがいつでも成り立つことを誰もが納得できるように示すことである。正しいことがすでに認められたことがらを根拠にして，すじ道をたてて説明していく必要がある。

第4章

⑦ 三角形

確認問題 ・・・・・・・・・77ページ

1 (1) 53° (2) 76° (3) 114°

2 ABD，B，BAD，ADB，AD，AD，
1組の辺とその両端の角がそれぞれ等しい，ABD

3 AB＝DEならば，△ABC≡△DEFである。
正しくない。

4 △ABC≡△LJK
斜辺と1つの鋭角がそれぞれ等しい。
△DEF≡△RPQ
斜辺と1つの鋭角がそれぞれ等しい。
△GHI≡△ONM
斜辺と他の1辺がそれぞれ等しい。

練習問題 ──── 78・79ページ

1 (1) 36° (2) 104° (3) 98°
(4) 56° (5) 30° (6) 75°

2 (1) 96° (2) 36°

3 (1) 3つの角の大きさが等しい三角形は，正三角形である。正しい。
(2) 2つの数 a，b について，$a^2>b^2$ ならば，$a>b$ である。正しくない。

4 〔証明〕
△ABDと△ACEにおいて，
仮定より，AB＝AC …… ①
∠B＝∠C …… ②
∠BAD＝∠CAE …… ③
①，②，③より，1組の辺とその両端の角がそれぞれ等しいから，
△ABD≡△ACE
合同な図形では対応する辺の長さは等しいから，△ADEにおいて，AD＝AE
よって，△ADEは二等辺三角形である。

5 BDE，DB，BE，BE，斜辺と他の1辺がそれぞれ等しい

6 〔証明〕
△ABEと△CDFにおいて，
仮定より，
∠AEB＝∠CFD＝90° …… ①
長方形の向かい合う辺は等しいから，
AB＝CD …… ②
AB//DCより，錯角は等しいから，
∠ABE＝∠CDF …… ③
①，②，③より，直角三角形の斜辺と1つの鋭角がそれぞれ等しいから，
△ABE≡△CDF
合同な図形では対応する辺の長さは等しいから，AE＝CF

練習問題の解説

2 (1) ∠BACは，頂角が52°の二等辺三角形の底角だから，
∠BAC＝(180°－52°)÷2＝64°
∠BAD＝64°÷2＝32°
∠x＝180°－(52°＋32°)＝96°

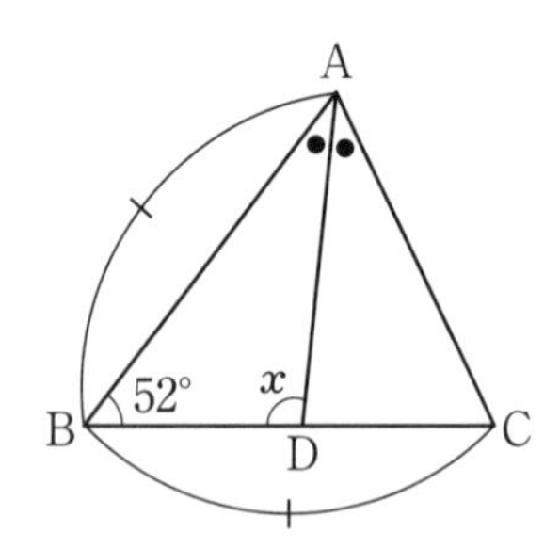

(2) ∠DBCと∠DCBは，頂角が110°の二等辺三角形の底角だから，
∠DBC＝∠DCB
＝(180°－110°)÷2＝35°
∠ABC＝∠ACB＝35°＋37°＝72°
∠x＝180°－72°×2＝36°

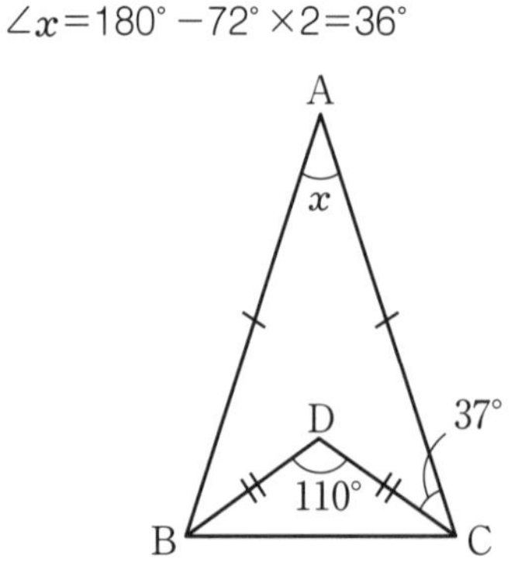

3 (2) $a=-2$，$b=-1$ のとき，$a^2>b^2$ だが $a>b$ ではない。

第4章
❽ 四角形

確認問題 ・・・・・・・・・81ページ

1 (1) 73 (2) 11 (3) 4

2 (1) ア，エ

(2)① ひし形 ② 長方形

3 (1)① △ABC ② △BDE

(2)

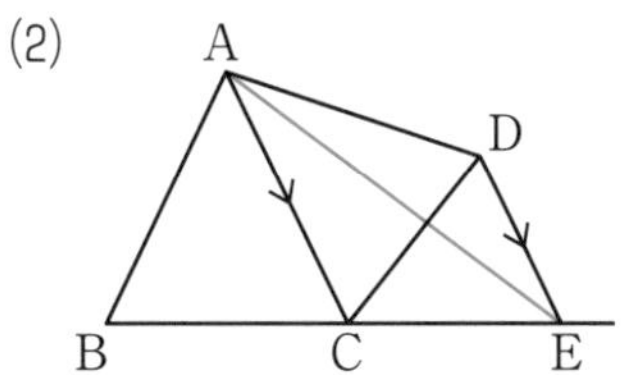

練習問題 ――――― 82・83ページ

1 (1) $x=8$，$y=8$ (2) $x=58$，$y=7$

2 (1) 117° (2) 3

3 ア 1組の対辺が平行でその長さが等しい。

ウ 対角線がそれぞれの中点で交わる。

エ 2組の対角がそれぞれ等しい。

4 (1) ひし形 (2) 長方形 (3) 正方形

5 それぞれの中点で交わる，OC，OD，CF，OF，対角線がそれぞれの中点で交わる

6 (1) △DBE，△DBF，△AFD

(2) △DBC，△ABD，△AFD，△ACD

7

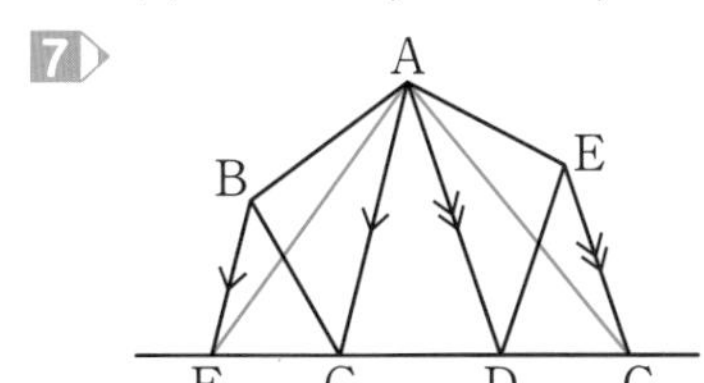

練習問題の解説

2 (1) $\angle a$ は頂角が54°の二等辺三角形の底角なので，$\angle a=(180°-54°)\div2=63°$

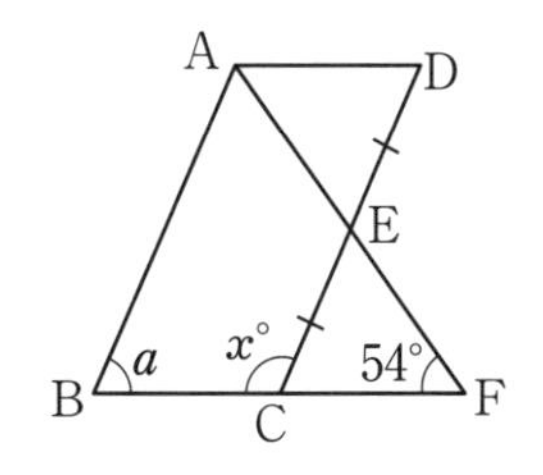

平行線の同位角は等しいので，

$\angle$ECF$=\angle a=63°$

よって，$\angle x=180°-63°=117°$

(2) AEとBCの交点をFとする。

対頂角，平行線の錯角は等しいので，下の図のようになる。

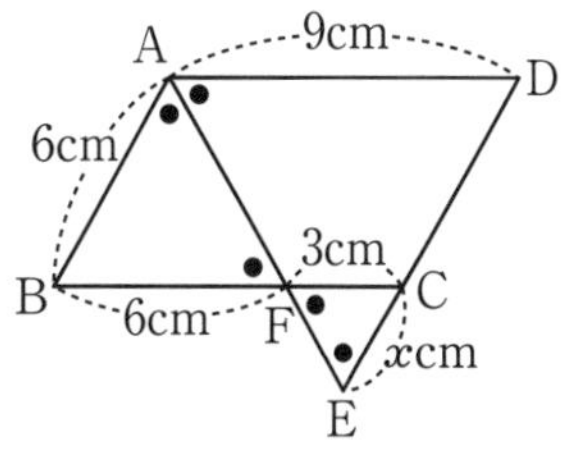

△BAFにおいて，BA=BF=6cm

FC=9−6=3(cm)

△CFEにおいて，CE=CF=3cm

よって，$x=3$

【別解】

∠DAE=∠DEAより，DE=DA=9cm

また，DC=AB=6cmだから，

$x=9-6=3$

6 (1) BEが共通で，AD//BCより，

△ABE=△DBE

DBが共通で，BD//EFより，

△DBE=△DBF

DFが共通で，AB//DCより，

△DBF=△AFD

(2) BCが共通で，AD//BFより，

△ABC=△DBC

平行四辺形は1本の対角線で合同な2つの三角形に分けられるから，

△DBC=△ABD

ADが共通で，AD//BFより，

△ABD=△AFD=△ACD

第 5 章
❶ データの整理とその活用

確認問題 ・・・・・・・・・85 ページ

1 (1) 平均値 6 点　中央値 6 点
最頻値 6 点　範囲 8 点

(2)① 22.5m

②

階級 (m)	度数 (人)
以上　未満	
15 ～ 20	1
20 ～ 25	4
25 ～ 30	6
30 ～ 35	4
35 ～ 40	2
40 ～ 45	1
計	18

2

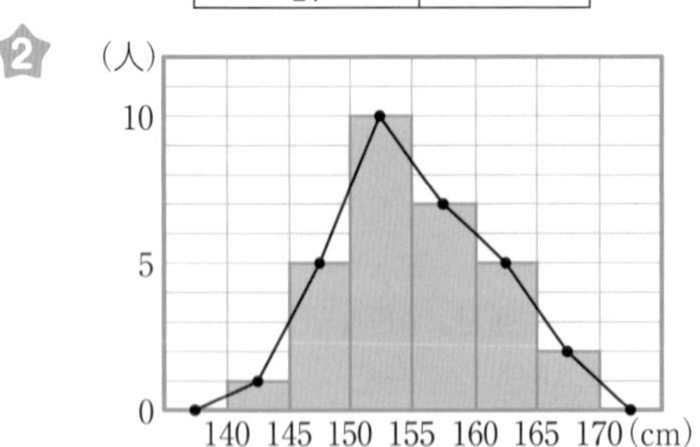

3 (1)

階級(分)	度数(日)	累積度数 (日)
以上　未満		
0 ～ 15	7	7
15 ～ 30	14	21
30 ～ 45	25	46
45 ～ 60	10	56
60 ～	4	60
計	60	

(2) 46日

練習問題 ――――――― 86・87 ページ

1 中央値　18 分　最頻値　17 分
範囲　31 分

2 (1) 5kg　(2) 35kg 以上 40kg 未満
(3) 30kg 以上 35kg 未満

3 (1) 5 冊　(2)ア　3　イ　13

4 (1) 16人　(2) 28人
(3) 8.0 秒以上 8.5 秒未満

5 (1) 120 分以上 150 分未満
(2) 1 年生全体

6 (1)

階級(分)	度数(日)	累積度数(日)	累積相対度数
以上　未満			
0 ～ 15	5	5	0.10
15 ～ 30	9	14	0.28
30 ～ 45	14	28	0.56
45 ～ 60	10	38	0.76
60 ～ 75	8	46	0.92
75 ～ 90	4	50	1.00
計	50		

(2) 14 日　(3) 56%

練習問題の解説

2 (3) 25 人なので，握力が弱い方から 13 番目の記録を考える。
30kg 未満は，4+4=8(人)
35kg 未満は，8+8=16(人)
よって，13 番目の記録は 30kg 以上 35kg 未満の階級にふくまれる。

3 (2) 2+ア=5(人) なので，アは 3 である。
2+3+イ+7+6+4=35(人) なので，イは 13 である。

5 (1) 1 年生全体の方の折れ線グラフで，1 番高いところを見る。1 番高いのは，相対度数が 0.25 のときで，それは 120 分以上 150 分未満の階級である。

第 5 章
❷ データの散らばり

確認問題 ・・・・・・・・・89 ページ

1 (1)① 9
② 第 1 四分位数　6
第 3 四分位数　14
(2)① 1 2 3 4 5 5 6 7 8 8 9 10
② 第 1 四分位数　3.5
第 2 四分位数 (中央値)　5.5
第 3 四分位数　8
③ 4.5

2 (1)① 第 1 四分位数　4
第 2 四分位数 (中央値)　5
第 3 四分位数　8

②

0 1 2 3 4 5 6 7 8 9 10

(2)① 第 1 四分位数　3 点
第 2 四分位数（中央値）　4 点
第 3 四分位数　7 点

② 4 点

練習問題 ―――― 90・91 ページ

1 (1) 第 1 四分位数　14m
第 2 四分位数（中央値）　20m
第 3 四分位数　24.5m

(2) 10.5m

2 (1) グループ A　5 点　グループ B　4 点

(2) グループ A

3 (1) 40 台以上 50 台未満

(2) 第 1 四分位数　30 台以上 40 台未満
第 3 四分位数　50 台以上 60 台未満

4 (1)

A 地点
B 地点
10 20 30 40 50 60（人）

(2) A 地点

5 (1) こってりラーメン

(2) ふんわりオムライス

(3) 日替わり定食

(4) ふんわりオムライス

6 ①

練習問題の解説

1 (1) (第 1 四分位数)=(14+14)÷2=14(m)
(第 3 四分位数)=(24+25)÷2=24.5(m)

(2) (四分位範囲)＝24.5−14＝10.5(m)

2 (1) (グループ A の四分位範囲)
＝8.5−3.5=5(点)
(グループ B の四分位範囲)
＝8−4＝4(点)

3 (1) データの小さい方から 15 番目と 16 番目の平均が中央値となる。よって，40 台以上 50 台未満の階級にふくまれる。

(2) 第 1 四分位数は小さい方からちょうど 8 番目の値，第 3 四分位数は大きい方からちょうど 8 番目の値となる。

5 (3) 中央値が 30 回以上のものを選べばよい。

(4) 第 1 四分位数が 15 回未満のものを選べばよい。

6 第 1 四分位数が 8℃以上 10℃未満，中央値が 12℃以上 14℃未満のものを選べばよい。

第 5 章 ❸ 確率

確認問題 ・・・・・・・・・・93 ページ

1 (1) 0.17　　(2) 0.17

2

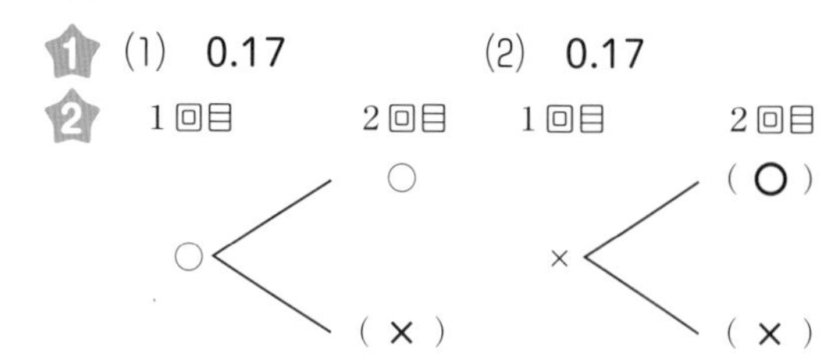

表と裏が 1 回ずつ出る確率 $\frac{1}{2}$

3 (1)① $\frac{5}{18}$　　② $\frac{3}{4}$

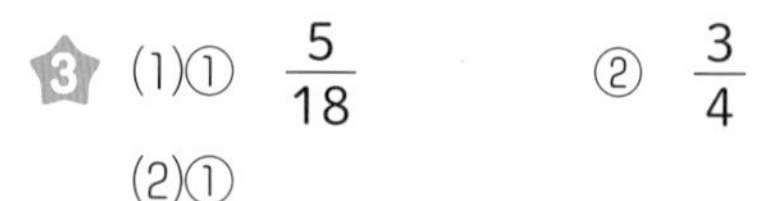

(2)①

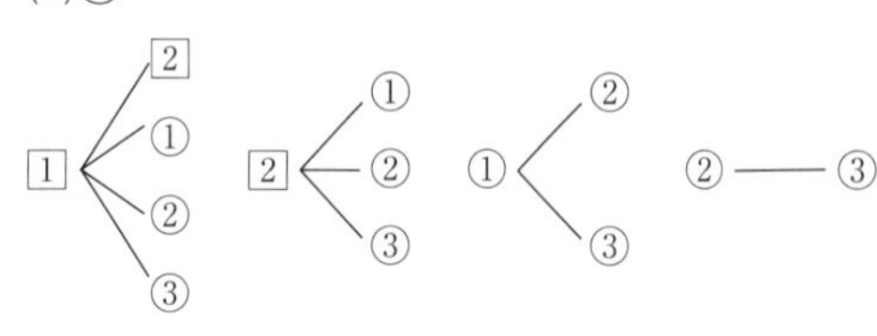

② $\frac{7}{10}$

練習問題 ―――― 94・95 ページ

1 (1) 100 人のとき　0.56
300 人のとき　0.58

(2) 0.59

2 (1) $\frac{3}{8}$　　(2) $\frac{2}{3}$

3 (1)

十の位＼一の位	2	3	4	5	6
2	22	23	24	25	26
3	32	33	34	35	36
4	42	43	44	45	46
5	52	53	54	55	56
6	62	63	64	65	66

(2) $\frac{2}{5}$　(3) $\frac{7}{25}$

4 (1) $\frac{17}{36}$　(2) $\frac{5}{12}$　(3) $\frac{5}{12}$

(4) $\frac{8}{9}$　(5) $\frac{3}{4}$

5 (1)

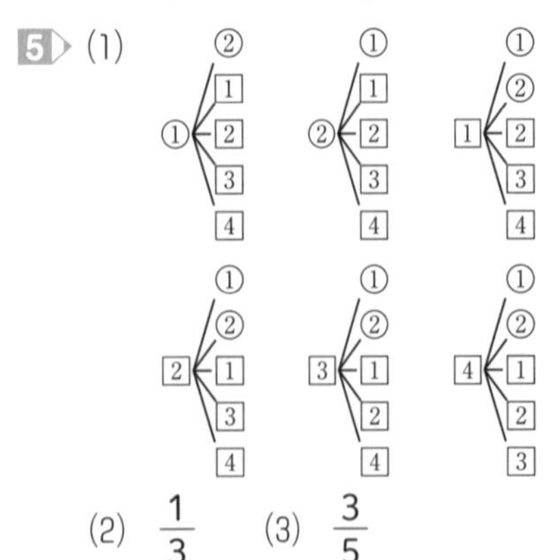

(2) $\frac{1}{3}$　(3) $\frac{3}{5}$

6 (1)

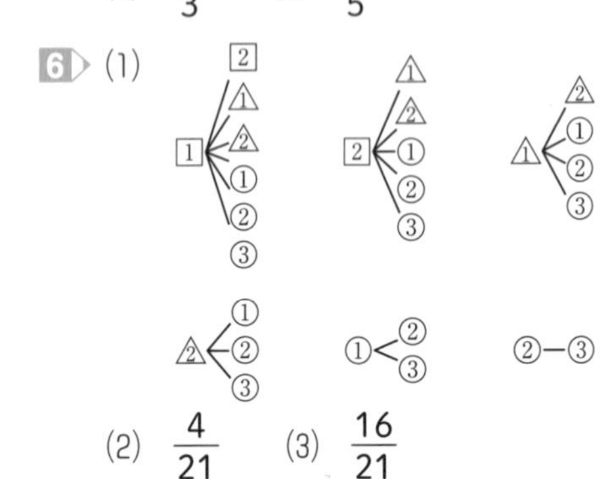

(2) $\frac{4}{21}$　(3) $\frac{16}{21}$

練習問題の解説

1 (1) 100 人のときの割合　56÷100=0.56
300 人のときの割合　174÷300=0.58

(2) 600 人と 1000 人のときのデータでも割合を計算してみると，
600 人のときの割合　359÷600=0.5883…
1000 人のときの割合　593÷1000=0.593
よって，小数第 3 位を四捨五入するとどちらも 0.59 となるので，0.59 に近づいていく。

2 (2) 奇数は 4 通りだから，$\frac{4}{6}=\frac{2}{3}$

4 (1)

大 小　　大 小　　大 小　　大 小
2－6
3＜4, 5, 6　　4＜3, 4, 5, 6　　5＜3, 4, 5, 6　　6＜2, 3, 4, 5, 6

樹形図より，$\frac{17}{36}$

(2) (大，小) の順に，(2，1)，(3，1)，(3，2)，(4，1)，(4，2)，(4，3)，(5，1)，(5，2)，(5，3)，(5，4)，(6，1)，(6，2)，(6，3)，(6，4)，(6，5) の 15 通りだから，

$\frac{15}{36}=\frac{5}{12}$

(4) 6 の約数は，1，2，3，6 である。大小どちらの目も 6 の約数でないのは，(4，4)，(4，5)，(5，4)，(5，5) の 4 通り。
よって，少なくとも一方の目が 6 の約数である確率は，$1-\frac{4}{36}=\frac{8}{9}$

(5) 大小どちらの目も 3 以下であるのは，(1，1)，(1，2)，(1，3)，(2，1)，(2，2)，(2，3)，(3，1)，(3，2)，(3，3) の 9 通りだから，少なくとも一方の目が 4 以上になる確率は，$1-\frac{9}{36}=\frac{27}{36}=\frac{3}{4}$

5 (3) 2 人ともはずれる場合は 12 通りだから，少なくとも 1 人は当たる確率は，

$1-\frac{12}{30}=\frac{18}{30}=\frac{3}{5}$

6 (2) 赤玉と青玉を 1 個ずつ取り出すのは，左の樹形図で，□1－△1，□1－△2，□2－△1，□2－△2の 4 通り。玉の取り出し方は全部で 21 通りなので，求める確率は，$\frac{4}{21}$

(3) (2 種類の色の玉を取り出す確率)
=1－(2 個とも同じ色の玉を取り出す確率)
である。
2 個とも同じ色の玉を取り出すのは，左の樹形図で，□1－□2，△1－△2，①－②，①－③，②－③の 5 通りなので，求める確率は，

$1-\frac{5}{21}=\frac{16}{21}$